JN252383

日本の原発と地震・津波・火山

京都大学名誉教授・大飯原発差止京都訴訟原告団長

竹本修三

日本の原発と地震・津波・火山 目次

はじめに

1965年3月に京大理学部地球物理学科を卒業した筆者は、同年4月から京大防災研究所に入り、新設の地震予知研究部門で地殻変動の研究を始めた。そこで最初に手がけた仕事が関西電力株式会社（以下関電と略称）の美浜原発建設予定地の地盤調査であった。関電から提供された研究費で観測計器を購入し、関電が炉心予定地の地下に掘った地下観測坑で、1965年7月29日から1966年8月18日までの約1年間、スーパーインヴァール棒伸縮計と水平振子型傾斜計を用いた地盤変動の連続観測を実施した。当時の記録方式は、伸縮計や傾斜計の検出部に取り付けられた鏡に2mほど離れた光源ランプから光を照射し、反射してきた光線の僅かな変動を光源ランプの横に置かれた記録装置の印画紙に記録するという光テコを利用した光学記録方式であった。記録装置には印画紙を巻き付けたドラムが装填されており、このドラムは時計仕掛けで1週間に1回転するようになっていた。この記録紙交換のために週に1度、現地に行かなければならなかった。大抵日帰りだったが、ときには美浜・丹生地区の旅館に1泊した。そこで出された魚がおいしかったのは今でも忘れられない。

この観測が美浜原発設置の可否を判断するための重要な資料になり得ると信じて地道な観測を続けたが、関電はわれわれの調査結果の如何にかかわらず、美浜に原発を設置することが既定方針だったようだ。観測を始めてから10か月ほど経ったとき、地下観測坑の上で炉心設置のための掘削工事が始まった。われわれの調査報告を待たずに工事を始めたのは心外だったが、関電としては、われわれの観測結果はどうでもよく、原発建設予定地の地盤調査を外部の京大防災研究所に依頼したという名目だけが必要であったようだ。ただ、この地盤調査で、地表から10mを超える表土を取り除く作業の真下で傾斜計や伸縮計を用いた精密観測の記録の例は非常に珍しく、学問的にも貴重であった。その観測結果は関電幹部と連名の「荷重変化にともなう土地のひずみ・傾斜の観測」という論文になっている。

それ以来、2011年に福島第一原発事故が起こるまで、筆者は「安全神話」を疑うこともせず、化石燃料資源の乏しいわが国においては、膨大な電力需要を賄うためには原発依存も仕方ないかと思っていた。ところが、福島第一原発の事故が起こる約10か月前に、筆者の息子と娘のところに、それぞれ女の子が生まれた。筆者はこの孫娘達が可愛くて仕方がない。

福島第一原発の事故のあと、日本政府が福島第1原発から20キロ圏の避難と20～30キロ圏内の屋内退避を指示したとき、米国政府は原発から50マイル（約80km）圏内への自国民の立ち入りを原則禁止にした。この報道のあと、若狭湾の原発群からわが家までの距離を地図上で確かめると、大飯原発と高浜原発と筆者が住んでいる京都府城陽市までは、ほぼ80kmであることがわかった。これはエライことですよと思った。福島の子供達が原発事故で大変な苦労を強いられているニュースを見て、うちの孫の世代にあんな苦労をさせてはいけないと強く思った。

筆者は、1989年10月に京大防災研究所から同理学部地球物理学教室に移ったが、専門は一貫して固体地球物理学・測地学なので、国内の測地学会や地震学会のみならず、国際測地学及び地球物理学連合（IUGG）などで議論された資料を改めていろいろ調べてみた。その結果、地震・火山大国のニッポンにおいて、原発稼働は土台ムリ筋であるという強い確信を持つに至った。それ以来、孫達の世代に辛い思いをさせないために、原発稼働反対の運動に携わっている。

2011年の福島第一原発事故の後に、地元の京都府城陽市で発足した原発ゼロ目指す城陽の会の代表を引き受けたほか、2013年6月からは、大飯原発差止京都訴訟の原告団長を任されている。このように、筆者が原発稼働反対の運動に係わってから、まだ5年にしかならない。その間に多くの人々と出会い、1979年3月28日のスリーマイル島の原発事故や1986年4月26日のチェルノブイリ原発事故以前から原発反対の運動を進めてきた人と話をすると、後ろめたい気持ちになる。

本書「日本の原発と地震・津波・火山」は、このような経歴の筆者の、現在の思いを綴ったものである。第1章「地震大国ニッポン」は、国内の測地学会や地震学会のみならず、国際測地学及び地球物理学連合（IUGG）で見聞きした話を筆者の理解する範囲でまとめてみた。また、第2章「原発と地震」以降の章は、京都地方裁判所（以下京都地裁と略記）で行われている大飯原発差止京都訴訟において、被告関電及び国と対峙している原告側の主張について、原告団長としての考えを示したものである。これらの章では、主に大飯原発についての問題点が具体的に述べられているが、これらの記述は、日本のすべての原発稼働の是非を考える上で、普遍性のある問題点だと考えている。

本書をまとめるきっかけになったのは、2015年9月26日に「原発ゼロをめざす湖西ネット」の野口宏代表世話人からの依頼により、滋賀県高島市で「地震大国ニッポンで原発稼働は無理！」という講演を行ったことである。このとき、主催者側から言われたことは、「従来、こういう講演は、講演者が会場で使用するパワーポイントの図を参加者への配布資料として配っていたが、それだと図ばっかりで、後で読み直しても、説明文がないから意味がわからない。そこで、図の説明を入れた、書き下ろしの資料を作ってもらえないか」というものであった。そこで、急遽、専門家でなくても理解してもらえると思われる講演資料を作った。その内容が本書の基本となっている。本書の内容のレベルは、筆者が現職の京大教授であったときに、教養課程の学生に講義をした程度になっていると考えている。本書が日本において原発稼働の是非を考える多くの人々に、広く読まれることを期待したい。

1．地震大国ニッポン

（1）世界の地震・日本の地震

地震は、地球上のどこでも一様に起きるのではなく、プレート境界とよばれる細いベルト状の地帯で発生している（図１）。地球の構造を、地球表面から中心に向って見てみると、表面近くが地殻、その下にマントル（上部マントル、下部マントル）があり、さらに中心に向かうと核（外核、内核）という層構造になっている。このうち、地殻と上部マントルの地殻に近い部分は、硬い板状の岩盤と考えられており、これが「プレート」と呼ばれている。地球表面は、十数枚のプレートに覆われており、地球内部で対流しているマントルの上に乗っているプレートは、少しずつ動いており、プレート同士がぶつかったり、すれ違ったり、片方のプレートがもう一方のプレートの下に沈み込んだりしている。プレート同士がぶつかってい

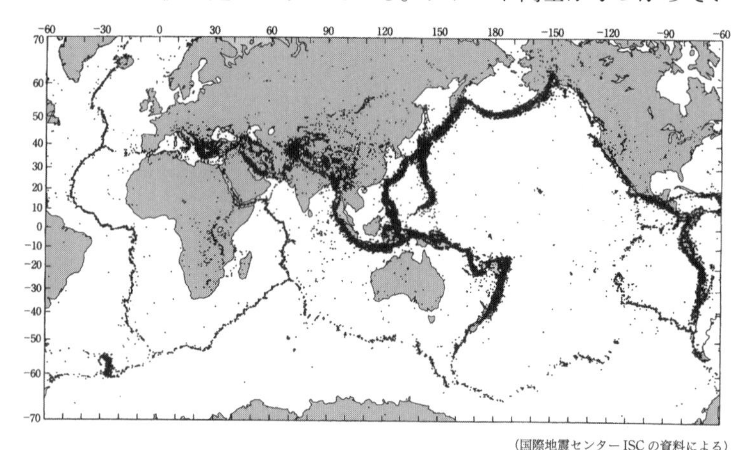

（国際地震センター ISC の資料による）

図１　世界地震分布図（M ≧ 4.0、深さ 100km 以内、1975 ～ 1994）
（理科年表、丸善株式会社、2011）

るプレート境界では強い力が働き、この力により地震が発生する。

図1を見ると、世界の地震は、プレート境界とよばれる細いベルト状の地帯で発生していることがよく理解できると思う。このなかで、日本は、海洋性のプレートである太平洋プレート・フィリピン海プレートと大陸性のプレートであるユーラシアプレート・北米プレートの4つのプレートがせめぎ合っており、世界でも有数の地殻活動が活発な地域の1つである。日本の国土面積は、全世界の約0.25%しかないが、そこで、世界のM6以上の地震の約20%が起こっている。20年間に起きたM≧4.0以上の地震をプロットした図1を見ると、日本列島の島影が見えなくなってしまう。同様にプレート境界に位置するインドネシアやニュージーランドなども島の形がほとんど見えない。一方、ヨーロッパ大陸を見ると、イタリアではかなり地震が多いが、フランス、ドイツや英国などではほとんど地震が起きていない。

ところで、メルカトル図法で描かれた図1の世界地図は、日本ではお馴染みであり、日本が中央付近にある。しかし、欧米では経度0度が図の中心で、西と東に向かって経度の数値が増える世界地図が一般に使われている（図2）。この地図では、日本は中央にはなく、右（東）の端に描かれている。この地図を見慣れた人々は、日本が世界の東の端にあるとして、「極東」（FAR　EAST）と呼んでいる。

経度0度を中心とした図2の世界地図をトイレにでも貼っておくといい。毎日これを眺めていると、アフリカ大陸の左下に南アメリカ大陸があり、南アメリカ大陸を右上にもっていくと、パズル合わせのように、両大陸がぴったり合わされることに気がつくであろう。

ドイツの気象学者アルフレート・ヴェーゲナーがこの地図を見て

いて、大陸移動説の着想を得たという話もなるほどと思う。1912年にヴェーゲナーが「大陸移動説」を唱えたとき、「動かざること大地の如し」と考えていた当時の人々にとって、これはあまりに荒唐無稽（こうとうむけい）な考えであったので、学会の支持が得られず、しばらく忘れ去られることになった。

しかし、第２次世界大戦が終わり、軍事目的でない純学問的な研究にも研究費が配分されるようになると、地球科学分野の観測的研究も飛躍的に発展した。そして、1950年代以降に、海底に残る地磁気反転の“縞模様”の発見や世界規模の地震の分布図などが明らかになると、それらを総合して1970年代までに「プレートテクトニクス理論」が形成された。現在では、ヴェーゲナーの「大陸移動説」も、プレートテクトニクス理論の帰結の１つとして受け入れられている。本章では、基本的に「プレートテクトニクス理論」に立脚して「世界の地震・日本の地震」について述べている。

さて、世界には約400基の原発があるが、このうちの最多は米

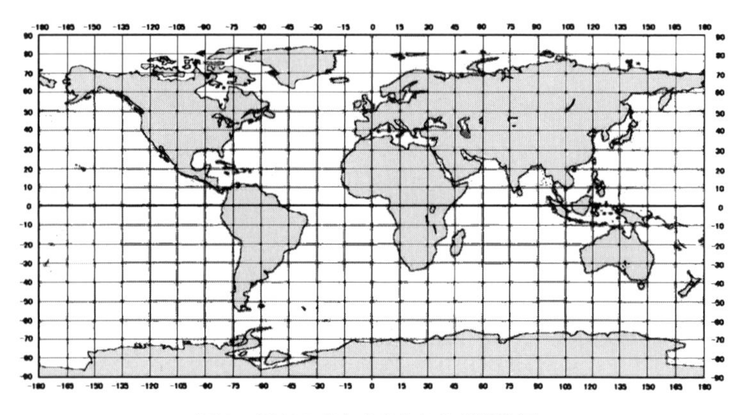

図２　経度０度を中心とした世界地図

国で、100 基超の原発がある。次いで、フランスと日本に各 50 基のオーダー、さらに、ロシア、韓国、イギリス、カナダ、インド、ドイツ、ウクライナ、中国、スウェーデンに 2 桁の原発が設置された。米国の原発は、地震の多い西海岸を避けて、東海岸から大陸中央部に多くの原発が設置されている。原発保有国の第 2 位であるフランスでもほとんど地震が起きていない。それ以外の原発保有国でも、プレート境界から遠いところに大部分の原発が設置されている。プレート境界上にあって、地殻活動が極めて活発な日本列島に 50 基超の原発が設置されたことは、世界的に見て、極めて異常なことである。もちろん、地震や津波などの自然災害の少ないところなら原発を稼働してもよいかというと、それはない。チェルノブイリの原発事故を例に引くまでもなく、原発稼働を続けることは、地球生

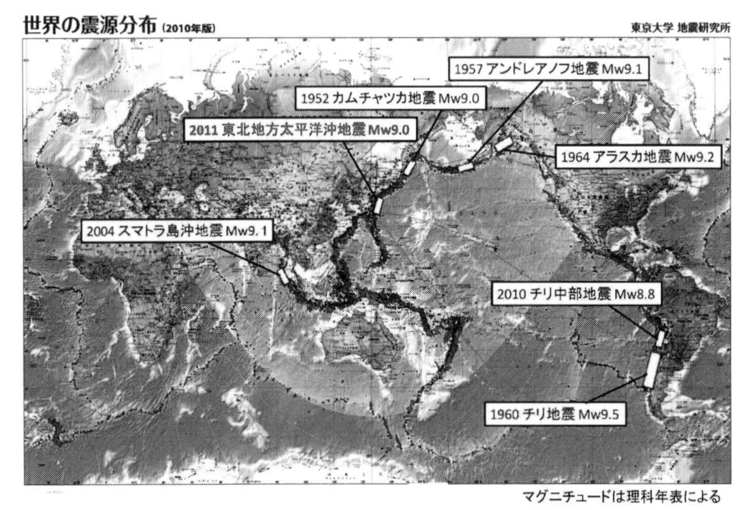

図 3　世界の超巨大地震（内閣府「防災情報のページ」より引用）
（http://www.bousai.go.jp/kaigirep/hakusho/h24/bousai2012/html/zuhyo/zuhyo01_02_13.htm）

命の将来に大きな禍根を残すことは明らかであろう。

次に、世界で起こった超巨大地震を見ておこう。図3には過去100年間に起こったモーメント・マグニチュード（Mw）が9クラスの世界の超巨大地震の分布を示してある。このような地震は、次節で紹介する海・陸のプレート境界で起こる海溝型地震である。

ここで、本稿に出てくる“M”と“Mw”の違いを簡単に説明しておく。“M”は、気象庁マグニチュードを表していて、多数の基準地震計を用いた地震波の振幅の観測値から、一定距離における平均的な振幅を求め、これからマグニチュードを算出するという方法である。これは、世界的に用いられているリヒター・マグニチュードを求める方法と考え方は一緒である。しかし、地震計を用いてマグニチュードを求める方法は、とくに巨大地震の場合には、地震計が地震時の揺れの大きさに正確に対応しないことが明らかになった。そこで、このような場合には、地震断層面の面積（長さ×幅）、変位の平均量、断層付近の地殻の剛性から定義される断層運動の規模そのものを表す“Mw”（モーメントマグニチュード）が用いられるようになった。一例として、第2節で述べる2011年東北地方太平洋沖地震の場合は、従来の気象庁マグニチュードで表すとM 8.4であったが、モーメントマグニチュードを求めるとMw 9.0となった。

1952～1964年の13年間に、1952年カムチャッカ地震（Mw9.0）、1957年アンドレアノフ地震（Mw9.1）、1960年チリ地震（Mw9.5）、1964年アラスカ地震（Mw9.2）と4つの超巨大地震が起きている。そして、40年間の平穏期が続き、2004～2011年に、2004年スマトラ島沖地震（Mw9.1）、2010年チリ地震（Mw8.8）、2011年東北地方太平洋沖地震（Mw9.0）と3つの超巨大地震が起きている。どうやら、世界規模の超巨大地震の活動は、しばしの平穏期を終えて活動期に入ったように思われる。2011 年東北地方太平洋沖地震のあと、ここ数年の間に、世界のどこかで 1 つか 2 つの Mw9.0 クラスの超巨大地震が起こってもおかしくないが、それがどこで起こるかは全く予想がつかない。次の超巨大地震が、南海トラフ沿いで起きないことを願うだけである。

（2）海溝型地震と内陸の地殻内断層地震

図 4（A）に示すように、日本列島は、ユーラシアプレートと北米プレートという 2 つの安定した大陸性のプレートの終端部に位置するが、右（東）から太平洋プレート、右下（東南）方向からフィリピン海プレートという 2 つの海洋性プレートが、年間 10 ～ 4cm 程度の割合で日本列島に迫ってきている。玄武岩質から成る海側のプレートは花崗岩質の陸側のプレートよりも重いために下側に潜り込んでゆくと考えられている。その際に上側にある陸側プレートも、引きずられてたわんでゆく。やがて、陸側プレートは、図 4（B）に示すように、たわみに耐えられなくなって跳ね返るが、このときに起きるのが逆断層型の海溝型地震である。このような海溝型地震では、大きな津波も発生する。海溝型地震の発生時に陸側プレートは隆起するが、地震と地震の間の期間には、陸側プレートの先端部

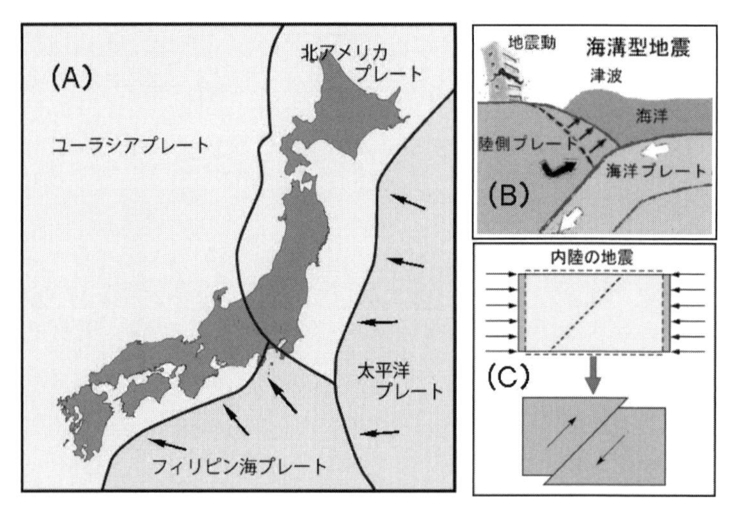

図 4（A）日本周辺の 4 つのプレート、（B）海溝型地震、（C）内陸の地震

は、沈み込む海洋性プレートに引きずられて、ゆっくりと沈降している。

海・陸のプレート境界では、M8を超える巨大な海溝型地震が発生するが、内陸部や日本海側ではどんなタイプの地震が起こるであろうか？　図4（C）を見ていただきたい。実験室における岩石破壊の実験結果によれば、地殻を構成する岩石を押し縮めてゆくと、10^{-4}程度のひずみが溜る前に岩石は破壊し、力をかけた方向と大体45°ずれた方向に割れ目が生じる。10^{-4}のひずみというのは、1mの長さの花崗岩が0.1mm伸縮することである。つまり、1mの花崗岩を左右から押してゆくと、この花崗岩が0.9999mに縮む前に割れてしまうということである。内陸部や日本海側で起こる地震は、このように日本列島を取り囲む4つのプレートの押しあいへしあいによって、ある領域にたまるひずみ変化が10^{-4}近くになって、一度に破壊したときに、地殻内断層地震が起きる。

次の図5に示されているのは、明治18（1885）年以降のわが国の主な被害地震の分布図である。これを見ると、海・陸のプレート境界に近い太平洋側ではM8超の海溝型地震がたびたび起こっているが、内陸の地殻内断層地震の最大のものは、1891年の濃尾地震（M8.0）であり、それ以外の地殻内断層地震は高々M7クラスである。濃尾地震の長さ約76 kmに及ぶ地震断層は、温見断層北西部、根尾谷断層、梅原断層などの活断層※1が連動して起こったものとされている（地震調査研究推進本部：濃尾断層帯(2015))。

※1　地表付近に見られる断層のうち、とくに最新の地質時代の数10万年前以降に繰り返し活動し、将来も活動すると考えられる断層のことを「活断層」と呼んでいる。また、260万年前以後の第四紀中に活動した証拠のある断層のすべてを「活断層」と呼ぶこともある。

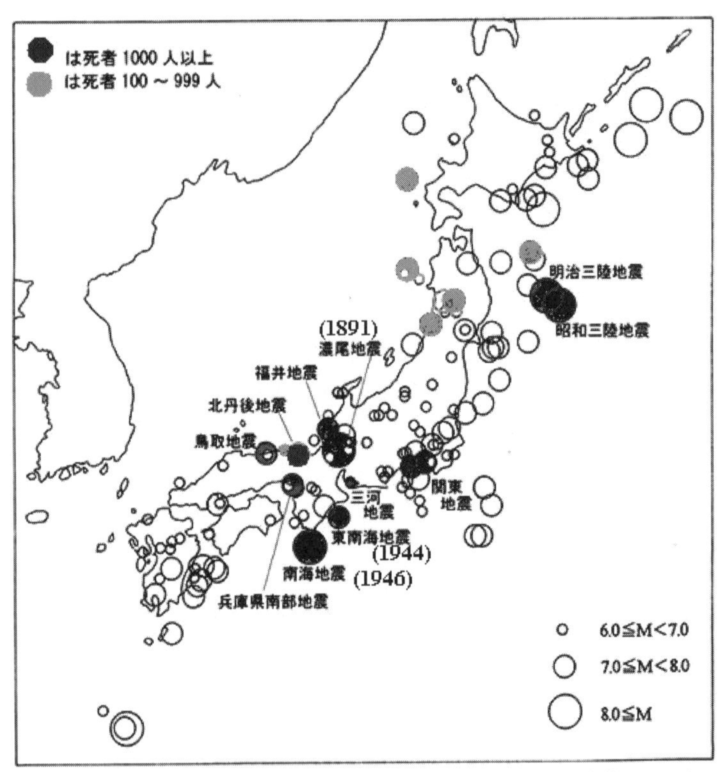

図 5　日本付近の主な被害地震の震央（理科年表、丸善株式会社、2011）

図 5 で注意していただきたいのは、この図は、わが国の気象台に地震計が配置され、地震波形の観測データが残されるようになった明治 18（1885）年以降の高々 130 年の主な被害地震の分布図であるということである。この間に海・陸のプレート境界に近い太平洋側では M8 超の海溝型地震がたびたび起こっているが、若狭湾の原発群にも大きな影響を及ぼす内陸の地殻内断層地震の最大のものとしては、1891 年の濃尾地震（M8.0）が知られている。しかし、

1000年オーダーで考えたとき、高々130年のデータから求められた図5の内陸部の地殻内断層地震の最大マグニチュードを超える地震が起きないと言い切れるであろうか？　観測地震学の研究が始まる前の地震マグニチュードは、古文書に残されている震災記録から見積もられているが、記載漏れ等もあって、実際のマグニチュードが小さめに見積もられている可能性も考えられる。

ここで、すこし脇道にそれるが、同じく気象庁が扱っている雨量のデータから、観測期間中の最大値というものについて考えてみよう。表1は、京都気象台で観測された雨量データに基づく日降水量と時間降水量を示したものである。1880年11月～2015年6月までの観測期間で最大の日降水量は、1959年8月13日の288.6mmであり、1906年1月～2015年6月までの期間で最大の時間降水量は、1980年8月26日の88.0mmであることが示されている。

京都気象台で観測された135年間（1880～2015年）の最大の日降水量は、1959年8月13日の288.6mmであるが、この値が

表1　京都気象台の雨量データ（気象庁ホームページより引用）
（http://www.data.jma.go.jp/obd/stats/etrn/view/rank_s.php?prec_no=61&block_no=47759&year=&month=&day=&view=a2）

順位	1位	2位	3位	4位	5位	統計期間
日降水量（mm）	288.6 (1959/8/13)	281.6 (1935/6/29)	258.0 (1983/9/28)	184.5 (1971/9/6)	183.6 (1967/7/9)	1880/11～2015/6
時間降水量（mm）	88.0 (1980/8/26)	87.5 (2014/8/16)	83.4 (1918/8/15)	80.9 (1941/6/28)	78.5 (1980/8/27)	1906/1～2015/6

観測されるまでは、1935年6月29日の281.6mmが最大値であったことを表1から読み取ってほしい。これから学ぶことは何か？観測期間が長くなれば、降水量の最大値も変わってくるということである。今後、さらに観測期間が増えて、1000年オーダーで考えたとき、135年間に京都気象台で観測された降水量の最大値を超える雨が降る可能性は当然予想できる。

同様に考えると、図5に示した高々130年のデータに基づいた内陸の地殻内断層地震の最大はM8.0であったが、これを1000年オーダーで考えたとき、私は一人の地球物理学者として、M8.0を超える内陸の地殻内断層地震が起こらないと断言できる自信はない。一見独立と考えられているいくつかの活断層が連動して活動し、濃尾地震を超える地震が発生する可能性を否定できないからである。

（3）2011年東北地方太平洋沖地震に伴う地殻変動とその広範囲への影響

2011年3月11日に発生した東北地方太平洋沖地震(Mw9.0)は、三陸沖から断層の破壊が始まり、最終的には、岩手県沖から茨城県沖までの南北約500km、東西約200km、深さ約5km～40kmの広範囲な海域が破壊した超巨大地震であった。この地震の際に宮城県北部で最大震度7を記録するなど、東北地方を中心に強い揺れに見舞われた。また、この地震に伴ない大規模な津波が発生し、宮古では津波の高さが35.2mに達するなど、震源域に近い東北地方の太平洋岸では、甚大な津波の被害を受けた。

この東北地方太平洋沖地震の地震動と津波の影響で、福島第一原子力発電所が壊滅的な損傷を受けたことは、広く知られている。これに関しては、後に触れることにして、本節では、主に国土地理院から公表されているGPS（全地球測位システム）を用いた電子基準点の観測データの変動を追いながら、この地震前後の地殻変動の様子を、東北地方だけでなく、関東地方から近畿地方にかけても見ておくことにする。

国土地理院は、GPS衛星の連続観測を行う電子基準点を全国に1240カ所、約20kmの間隔で設置し、測量の基準点として活用するとともに、全国の地殻変動を監視しているが、2011年3月11日に発生した東北地方太平洋沖地震の本震発生時に、電子基準点「牡鹿」（宮城県石巻市）が、東南東方向へ約5.3m動き、上下方向には約1.2m沈下するなど、北海道から近畿地方にかけて陸域では広い範囲で大きな地殻変動が観測された（図6)。なお、この図は、島根県にある電子基準点「三隅」を地震前後に動いていない「不動点」と仮定して、計算されたものであるが、本震発生後も、東北地方を中心に、概ね東向きの地殻変動が継続して観測されている。

この図を見て、水平方向の変動は、震源域の方向に引っ張られて、岩手・宮城県では東南東方向に最大で5.3m動き、福島・茨城県ではほぼ東方向に約3～1m動いていることが読みとれる。しかし、上下変動では、宮城県の牡鹿観測点の1.2mを最高に、東北地方の太平洋岸が、軒並み沈降しているのは、どういうことであろうか？

図4（B）の海溝型地震の説明では、このタイプの地震は逆断層型であり、水平成分は陸側から遠のく方向に変動するが、上下成分は地震時には陸側が隆起しなければならない。この矛盾をどう考えたらよいであろうか。

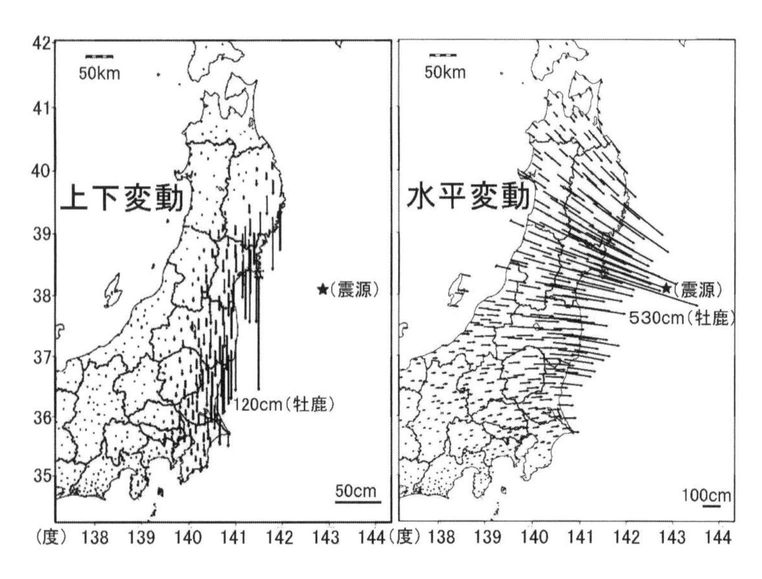

図6　2011年3月11日の本震（Mw9.0）に伴う地殻変動（国土地理院ホームページより）（http://www.gsi.go.jp/chibankansi/chikakukansi40005.html）

その理由は、図6は陸域だけの変動であり、次の図7（A.B）に示す海底の震源域の変動図を合わせて考えれば理解できる。

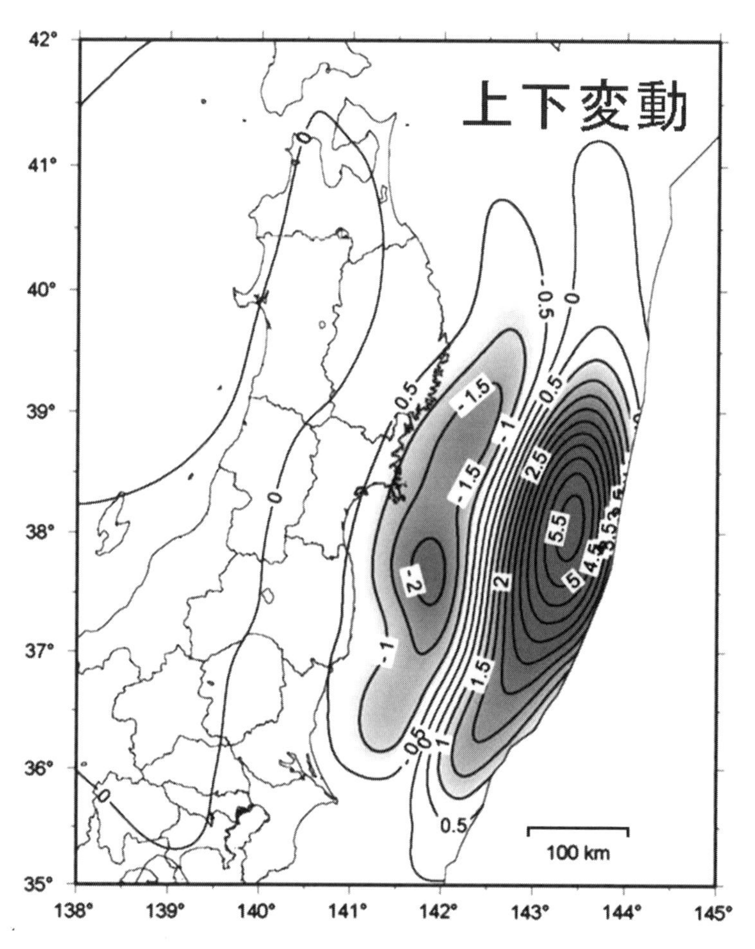

図7A　2011年3月11日の本震（Mw9.0）の震源モデル（上下変動）
（国土地理院・海上保安庁）
（http://cais.gsi.go.jp/YOCHIREN/report/kaihou86/03_34.pdf）

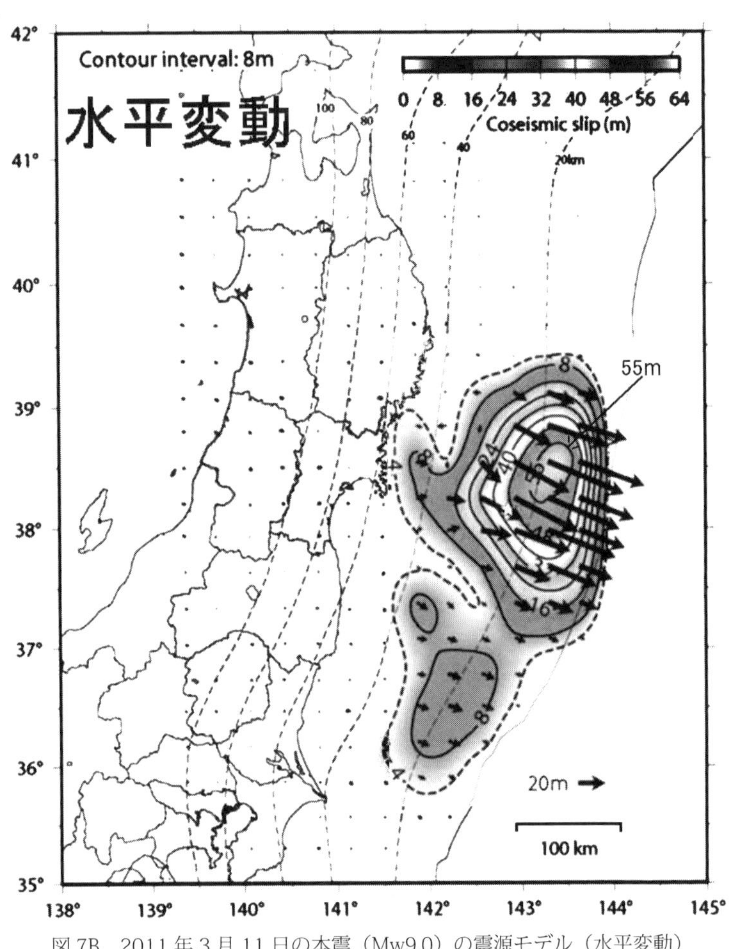

図 7B　2011 年 3 月 11 日の本震（Mw9.0）の震源モデル（水平変動）
（国土地理院・海上保安庁）
（http://cais.gsi.go.jp/YOCHIREN/report/kaihou86/03_34.pdf）

図 7 は、国土地理院の陸域における電子基準点の GPS 観測データに加えて、海上保安庁が地殻変動観測の空白域であった海域に

おける海底の動きを直接観測するために三陸沖に設置した5点のGPS/音響測距結合方式の海底地殻変動観測データを合わせて処理し、観測結果を一番うまく説明できるように考えた震源モデルである。

この解析結果を見ると、海域にある震源域の最大の地殻変動は、水平方向では、陸域よりも1桁大きく、ほぼ東向きに55m以上、また、上下方向では、約5.5m隆起していたことが明らかになった。やはり、図4（B）に示した海溝型地震の説明のように、海域の震源域での上下変動は、最大で5.5mの隆起を示したのだが、そこから陸域に近づくにつれ（震源から西側に離れるにつれ）、隆起量は次第に小さくなり、海岸線から数10kmのところでは、逆に最大で2mを超える沈降となった。

さらに、ここから海岸線に近づくと、沈降量は次第に小さくなるが、福島第一原発のあるあたりでは約60cmの沈降を示した。今回の地震の際の上下変動が東北地方太平洋側の海岸線に沿って沈降を示したことが、今回の津波の被害を一層大きくする結果になった。

ここで、陸域の変動に戻り、図8に東北大学大学院理学研究科の地震・噴火予知研究観測センターが、GPS観測データを精密単独測位法(Precise Point Positioning)によって解析した地震時の地殻変動図を示しておく。観測点は、同センターがある仙台市青葉山のほか、石巻市の金華山、牡鹿郡女川町の江島の計3か所である。各観測点の東西（EW）、南北（NS）、上下（UD）の3方向の変位をメートル単位で示してあるが、いずれも東西方向の変動が大きく、青葉山で3～4m、金華山で7～6m、江島で6～5mに達した。

地震による揺れは、宮城県栗原市で震度7、宮城県、福島県、茨

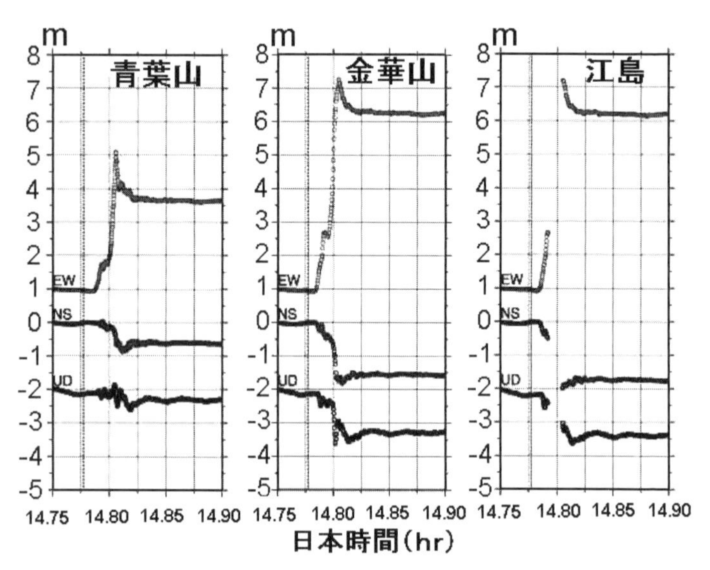

図 8　青葉山、金華山、江島の地震時の地殻変動、
(EW: 東西成分、NS：南北成分、UD: 上下成分)
(東北大学大学院理学研究科／地震・噴火予知研究観測センター)

城県や栃木県に及ぶ広範囲な地域で震度 6 強の強い揺れに襲われた。この地震の数年前に、A 一級建築士による耐震偽装問題があり、A 建築士が設計したマンションは震度 5 か 6 で倒れるという報道もあった。しかし、A 建築士が設計したマンションを含めて、この地震で部分的な被害はあったが、倒壊したビルはなかった。このことは、日本の建築技術が近年、長足の進歩を遂げたことを物語っている。2016 年 2 月 6 日の早朝に、台湾南部・高雄で M6.4 の地震が起きたという報道があった。この地震で、高雄の隣の台南市で 17 階建てのビルが倒壊するなどの被害があったという。これに比べると、日本の建築技術はすごいと思った。

次に、国土地理院の電子基準点のGPS観測データを用いて、震源域から離れた場所で観測された東北地方太平洋沖地震前後の約10年間の地殻変動の様子を見ておこう。図9は、東京（電子基準点：世田谷[950228]）の2005年7月19日〜2015年6月13日と、京都（電子基準点：京都左京2[980643]）の2005年5月30日〜2015年6月13日の変化である。図は、上から、東西、南北及び上下方向の変動を示す。

なお、図9の横軸は左右ともに1目盛が1年間であるが、縦軸は左の東京が1目盛10cm、右の京都が1目盛5cmである。

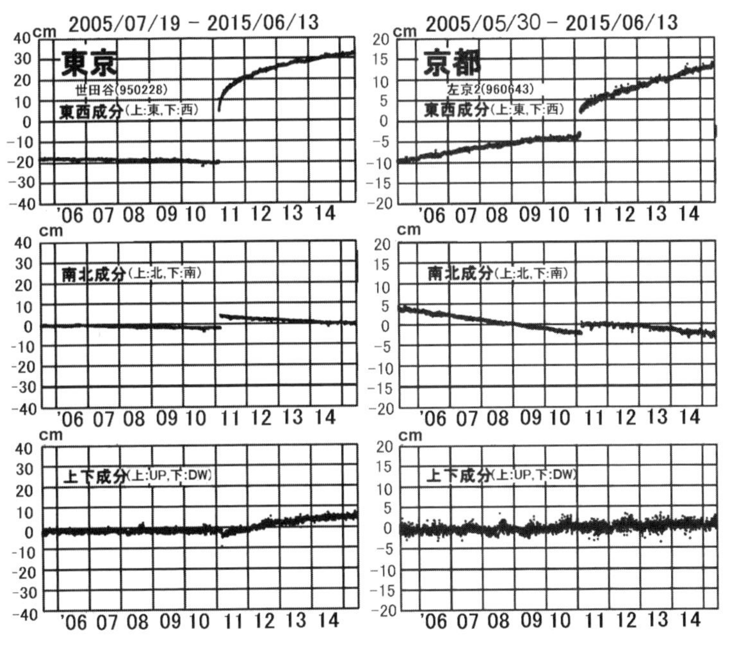

図9　東北地方太平洋沖地震前後の地殻変動（左：東京、右：京都）

図９（左）に示した東京の10年間の変化を見ると、2011年３月11日の東北地方太平洋沖地震が起こるまでは、水平成分は僅かに西南方向に動いており、上下成分はほとんど動きがなかった。それが、地震時に、東方向に約25cm、北方向に約6cm、上下方向には下向きに約2cm下がった。全体として東向きの変動が大きかったことは、図８に示した震源地に近い東北大学の青葉山、金華山、江島の３つ観測点の観測結果と同様である。地震後の変化を見ると、東方向に大きな余効変動が続いており、この変化は、地震後４年以上経った今でもまだ収まっていない。

図９（右）の京都の変化のうち、上下成分は、地震の影響をほとんど受けていない。しかし、水平成分は、地震前には東南に向かうゆるやかな変動を示していたものが、地震時に東方向に約5cm、北方向に約2cmの変化を示した。そして、地震後の水平成分の動きは、東方向への変化の割合が、地震前に比べて２倍近くなったが、その傾向は地震後４年経っても変わっていない。南方向への変化は、地震前の傾向に戻りつつある。

東北地方太平洋沖地震のしばらく後に、京都府城陽市の近くに住んでいる人達と、この地震ついて、話をする機会があった。わが家の西側にある道路の向い側の家の主人は、「京都でも東方向に5cmも動いたのなら、その日、その時間に家にいた私もその動きを感じてもよさそうなのに、何にも感じなかった」と言った。それに対して私は、「それはそうでしょう。わが家が地震のときに5cm東に動いたとすると、西側にあるあなたの家は、そのとき4.99……cm東に動いたのだから、あなたの家から私の家を見ても、地震で動いたとは見えなかったと思います」と答えて納得してもらった。

そのとき、駅前の高層マンションの最上階に住んでいる知人が、「私はあの地震を家で感じましたよ」と言った。それはそれで納得できる。「ガタガタと建物を揺する短周期の地震波は、東北地方太平洋沖から京都まで来る間にほとんど減衰してしまうので、京都の平屋や２階建の家では、地震の揺れを感じなくても当然です。しかし､数秒を超える長周期の波は､あまり減衰しないで京都まで伝わってきます。そこで、あなたのように高層マンションの最上階に住んでいる人は、ちょうど船に乗っているようなゆっくりした揺れを感じたのではないでしょうか」と私が答えると､その人は頷いていた。

次に、大阪と神戸の変動も同様の方法で見ておこう。図 10 には、大阪（950336）と神戸中央（950356）の 10 年間の変動が示されている。図 10（左）で大阪の上下成分は、2014 年 1 月から計器不調で記録が乱れているが、それを無視すれば、図 10 の大阪及び

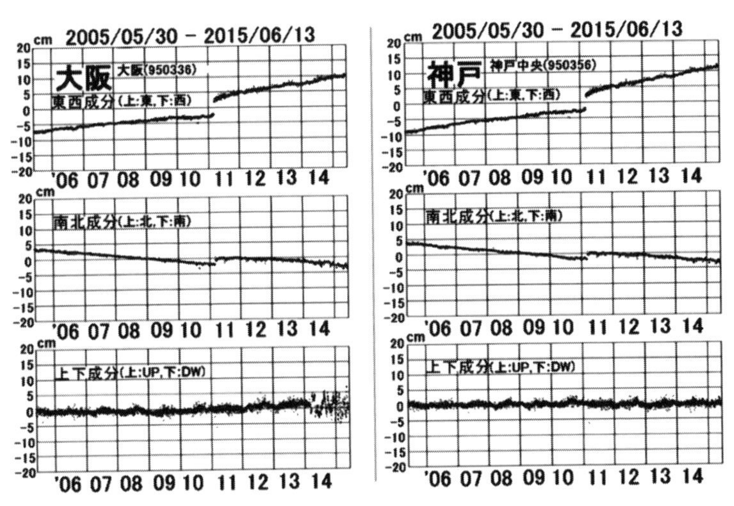

図 10　東北地方太平洋沖地震前後の地殻変動（左：大阪、右：神戸）

神戸の変化は、図９（右）の京都の変化と同じような特徴であると言える。つまり、上下成分は、地震の影響をほとんど受けていない。しかし、水平成分は、地震の前は東南に向かうゆるやかな変動を示していたものが、地震時に大阪、神戸ともに東方向に約5cm、北方向に約2cmの急激な変化を示した。そして、地震後の水平成分の動きは、東方向への変化の割合が、地震前に比べて大きくなったが、その傾向は今でも変わっていない。南方向への変化は、地震前のレベルに近づいている。

なお、図10は、左右とも、横軸が１年間、縦軸が５cmである。

（4）長周期地震動

東北地方太平洋沖地震（Mw9.0）のように、規模の大きい地震が発生すると、震源域から、はるか離れた地域でもゆっくりした大きな揺れ（地震動）が生じる。このような地震動のことを長周期地震動という。建物には固有の揺れやすい周期（固有周期）があり、地震波の周期と建物の固有周期が一致すると共振して、建物が大きく揺れる。高層ビルの固有周期は、低い建物の周期に比べると長いため、長周期の波と「共振」しやすく、共振すると高層ビルは長時間にわたり大きく揺れ、高層階の方がより大きく揺れる傾向がある。東北地方太平洋沖地震に伴う長周期地震動の大阪の高層ビルへの影響として、2011年3月12日付けの読売新聞大阪本社版朝刊に大阪府の咲洲（さきしま）庁舎のエレベーター内に5人が5時間閉じ込められたという下記の記事があった。以下、『』内はこの新聞記事からの引用である。

『11日の東日本巨大地震で、府内でも震度3の揺れを観測。大阪・天保山や岬町には60～20センチの津波が到達した。大きな被害はなかったが､各自治体は被害情報の収集に追われ、消防隊員らが被災地に向けて出発するなど、支援の動きも出始めた。鉄道の駅や空港では、関東方面に戻れず足止めされた人たちが、地震の様子を伝えるテレビ画面に見入った。大阪市住之江区の府咲洲庁舎(旧WTC、高さ256メートル）では、26基ある全エレベーターが停止し、このうち4基に乗っていた男性5人が、12、13階付近などで閉じ込められた。同市消防局の救助隊員がロープで引き上げるなどし、発生から約5時間余りで全員が助け出された。けがはなかった。また51階の消火スプリンクラーが破損し、50 ～ 48 階の床面が水浸しになったほか、天井ボードの一郁が落下するなどした』。

このように、巨大地震の長周期地震動によって、都市の高層ビルは大きな影響を受けることが明らかになった。そこで、気象庁は、2011 年 11 月に「長周期地震動に関する情報のあり方検討会」（座長：翠川三郎・東京工業大学大学院総合理工学研究科教授）を発足させ、2011 ～ 2013 年にかけて 4 回の検討会を行い、2013 年 4 月 26 日に「長周期地震動に関する情報のあり方」の報告書を公表している。

そこでは、長周期地震動に関する情報の基本的な情報のあり方としては、

(1)　一般住民に理解される分かりやすいものであること、

(2)　施設管理者、防災関係機関が執るべき防災対応に役立つ情報であること、

(3)　行動判断など利用者の初動対応に役立つこと、

として、今後の課題として、次の点をあげている。

・長周期地震動の指標の決定、具体的な発表の方法、発表対象地域、発表手段 の検討を早急に進める（高層ビル内での揺れによる行動の困難さや家具・什器等の転倒・移動の状況等との関係や、計算時間、情報内容への利用のしやすさ等を考慮）。

・さらに、関係機関との連携のもと、大都市圏等における震動観測体制の強化に向けた検討や、長周期地震動の大きさと高層ビル内における人の行動や心理、生理や什器転倒等の被害との対応等に関するさらなる調査の実施、長周期地震動による高層ビル等の揺れの特性や室内の安全対策等に関する周知、啓発など

を進めるとともに、将来的に長周期地震動に関する予報を発表するための技術的検討を進める。

このほか、気象庁は、「長周期地震動に関する情報検討会」（座長：福和伸夫・名古屋大学大学院環境学研究科教授）を設けて、2012年10月～2015年3月までに8回の検討会を開催した。これらの議論は、気象庁ホームページの「長周期地震動について」（http://www.data.jma.go.jp/svd/eqev/data/choshuki/choshuki_eq1.html）というページに生かされている。このページをたどると、地震が起きた際の一般的な揺れの大きさを示す「震度」とは別に、気象庁が定めた「長周期地震動階級」が示されている。「長周期地震動階級」の階級と人の体感・行動の関係は、以下のように分けられている。

階級1：室内にいたほとんどの人が揺れを感じる。驚く人もいる。

階級2：物につかまらないと歩くことが難しいなど、行動に支障を感じる。

階級3：立っていることが困難になる。

階級4：立っていることができず、はわないと動くことができない。揺れに翻弄される。

そして、2013年3月28日に「長周期地震動に関する観測情報（試行）」が公開された。気象庁の階級導入以降、最も階級が大きかったのは2014年11月の長野県北部地震（M6.8）と2015年5月の宮城県沖の地震（M6.6）の階級3であり、階級4は、2015年12月までに、まだ観測されていない。

2011年の東北地方太平洋沖地震以前の長周期地震動による被害として、気象庁ホームページの「長周期地震動について」には以下のような例が紹介されている。2003年9月26日に発生した十勝沖地震（M8.0、最大震度6弱）の際に、震源から約250km離れた苫小牧市の石油コンビナートで、スロッシング（石油タンク内の石油が揺動する現象）が発生し、浮き屋根が大きく揺動した結果、石油タンクの浮き屋根が沈没し、地震から2日後に静電気が原因で火災が発生した。

若狭湾の原発群は、南海トラフの海溝型超巨大地震が起きても、地振動や津波の直接の影響は受けないと考えられていたが、原子炉建屋や燃料プールの構造によっては、このような長周期地震動の影響をうけることがないかどうか、再度検討する必要があろう。また、2004年10月23日に発生した新潟県中越地震（M6.8、最大震度7）の場合には、長周期地震動により、震源から約200km離れた東京都内の高層ビル(最大震度3)でエレベーターのワイヤーが損傷するなどの被害が発生したが、若狭湾原発群の長大な配管部分などに長周期地震動に弱いところがないかどうかもしっかりチェックすることが望まれる。

大規模地震に伴う長周期地震動の高層ビル等への影響の研究は、近年著しく進展したが、内閣府は、「南海トラフの巨大地震モデル検討会」及び「首都直下地震モデル検討会」の両検討会（座長は両検討会とも阿部勝征・東京大学名誉教授）が共同して検討してきた「南海トラフ沿いの巨大地震による長周期地震動に関する報告書」を2015年12月17日に公開した。そこに、南海トラフ沿いで巨大地震が発生した場合の長周期地震動による影響の全体像が示されている。

大阪、名古屋及び東京に高さ200～300mの超高層建物（固有周期5秒）が立っていると仮定して最上階の往復の揺れ幅をスーパーコンピュータ「京」を用いてシミュレーション計算すると、最大値は大阪市住之江区で約6m、東京都23区で2～3m、名古屋市中村区で約2メートルになり、大きな揺れが数分続く恐れがあるという。高さ100～200m（固有周期3秒）の場合は、名古屋市中村区で約3m、大阪市北区で約2m、東京都23区で1～2mになるとのことである。

建物の揺れやすい周期（固有周期）は、高さによって異なり、一般的に高いビルほど長い固有周期をもつ。遠地まであまり減衰しないで伝わる長周期地震動は、震源から遠く離れた高層ビルの高層階にも、思いがけず大きな影響を与えることになることに注意しなければならない。

ところで、20年以上前の1995年兵庫県南部地震（M7.3）のときには、地震によるビルの被害について、別の面も指摘された。この地震による建物の特徴的な崩壊様式として、三宮周辺の中高層オフィスビル群で中間層が完全に潰れた層崩壊があげられる。兵庫県南部地震（阪神淡路大震災）では、神戸市及びその周辺地域で震度7が記録されたが、これは、気象庁震度階級に震度7が導入されて以来、初めてのことであった。

阪神・淡路大震災の被害の集中地域は、いわゆる「震災の帯」と呼ばれる東西長さ約20～40km、幅約1kmに帯状に連なって現れた。一般には、地震断層の真上で最も強い揺れが起きると考えられるが、この地震で震度7の強い揺れに見舞われ、建物の崩壊率が30%以上に達した「震災の帯」は、地震断層の真上よりもやや海寄りや東寄りに出現した。

2011年1月に神戸市が出版した「阪神・淡路大震災の概要及

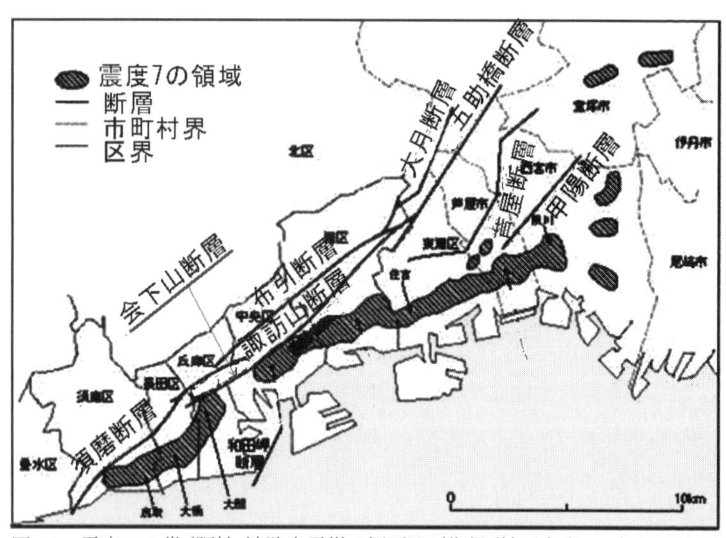

図 11　震度 7 の帯（阪神・淡路大震災の概要及び復興（神戸市（2011）より引用）

び復興」（http://www.city.kobe.lg.jp/safety/hanshinawaji/revival/promote/img/honbun.pdf）のなかの「第 1 部 阪神・淡路大震災の概要」の 19 ページに「震度 7 の帯」が示されている。これを本章の図 11 として引用しておく。

ここでは、「震度 7 の帯」として、須磨区から西宮市に至る 20km の範囲を想定しているが、東大地震研究所の古村孝志教授は、彼のホームページで被害が集中した狭い帯状の範囲をさらに東側に延長して、幅 1 〜 2km、長さ 40km 以上の狭い帯状の範囲を「震災の帯」としている（http://www.eri.u-tokyo.ac.jp/people/furumura/kobe.htm）。いずれにせよ、兵庫県南部地震で被害の集中した「震災の帯」は、地震断層の真上ではなく、それよりも海寄り・東寄りに起きた。

震災の帯が、地震断層から離れた市街地に現れたメカニズムについては、はっきりと解明されていないが、六甲山地の岩盤は山裾で急激に低くなり、神戸市街地は厚い堆積層の軟弱地盤に覆われている。このような神戸—阪神市街地の特異な地下構造が「震災の帯」に関与しているらしいと言われている。

とにかく、阪神淡路大震災で、構造物に大きな被害を及ぼした「震災の帯」は、地震断層の真上ではないところに発生したということは、注目に値する。われわれは、大飯原発差止京都訴訟で、大飯原発のすぐ近くにあるFO－B～FO－A～熊川断層が連動して動いた場合の長さ63.4 km、M7.8に相当する想定地震の大飯原発に及ぼす影響について、被告・関電側と争っているが、地震断層の真上でないところで震度7の最大の揺れが発生したことも今後の口頭弁論で主張していかなければならない。

次の図12と図13は、阪神淡路大震災で、8階建の建物であった神戸市役所2号館の6階部分が崩壊したことを示す写真である。これらの写真は、放送カメラマンの大木本美通氏により撮影されたもので、神戸大学附属図書館震災文庫に震災記録写真（大木本美通撮影 ; denshi@lib.kobe-u.ac.jp）として公開されている。

図12　神戸市役所2号館(手前)と1号館(奥側)の写真(1995年1月18日撮影)
図13　同（1996年3月22日撮影）(denshi@lib.kobe-u.ac.jp より引用)

図 12 は、震災直後の 1995 年 1 月 18 日に撮影されたもので、手前に見える神戸市役所 2 号館は、8 階建の建物であったが、6 階部分が崩壊し、7 階建の建物のような姿になっている。それに対して、奥側（南側）に見える神戸市役所 1 号館は、地上 30 階建で地下は 3 階まであり、地表の高さが 132.0m の高層ビルであったが、建物の構造上の被害はほとんどなく、震災前と変わらぬ姿で今も同じ場所に立っている。

2 号館は 1957 年に生田区（当時）加納町の東遊園地に新築された 8 階建の建物であり、竣工当時はここが本庁舎（1 号館）であったが、1989 年に市会議事堂があった位置に 30 階建の新庁舎が完成した。それ以来、この新庁舎が 1 号館となり、それまでの 1 号館は 2 号館となった。

図 13 は、1996 年 3 月 22 日に撮影されたものであり、震災で壊れた 2 号館の 6~8 階部分は撤去され、新たに地上 5 階地下 1 階の高さ 24.2m の建物として蘇った。

三宮周辺の中高層オフィスビル群で中間層が潰れた層崩壊の例として、震災記録写真（大木本美通撮影）には、神栄ビル、明治生命ビルや神戸国際会館などの写真が掲載されている。これらの例から、地震に伴う振動で全ての構造物が一様に被害を被るのではなく、地震のマグニチュードと震源距離のほか、対象となる構造物周辺の地盤や地質構造の違い、さらには構造物の建築年度の違いなどにより、どの階が大きな被害を被るかも違ってくることに注意を払う必要がある。

2004 年 12 月 26 日にスマトラ島沖地震（Mw9.1）が発生したが、その頃われわれは国土地理院などと協力して、「東アジア・東南アジアにおける絶対重力基準網の確立」に関する共同研究を実施しており、東アジア・東南アジアの各地を絶対重力計を持って回っていた。そして2005年9月中旬にバンコク気象台地震局で絶対重力精密測定をしたとき、現地の役人と長周期地震動のことが話題になった。「タイでも最近、超高層ビルの建設が始まっており、スマトラ島沖地震のような巨大地震が起きることを考えると、長周期地震動への対策を考えておかなければならない」という。そのころの私は、まだ長周期地震動の超高層ビルへの影響についてあまり真剣に考えていなかった。しかし、近隣諸国に比べて、国内で起こる地震は極めて少なく、主要都市で建物の耐震構造はほとんど考えなくてもよかったタイの役人が、長周期地震動の超高層ビルへの影響を考えていることを知って感心した。長周期地震動の超高層ビルへの影響は、これからグローバルな問題である。

（5）近畿・中部地方の地震と地殻変動

次に、日本国内、とりわけ近畿地方で発生する内陸部の地殻内断層地震と活断層の関係を見ておこう。活断層はどのくらいの繰り返し周期で動くものであろうか？　地震調査研究推進本部（以下、「推本」と略）は、「近畿地方の内陸の活断層で発生する地震」に関する記述のなかで、この地域の地震発生と関連付けられる要注意の活断層として、下記の24個をあげている。これらの活断層の位置を図14に示す。

1：柳ヶ瀬・関ヶ原断層帯、2：野坂・集福寺断層帯、3：湖北山地断層帯、4：琵琶湖西岸断層帯、5：養老－桑名－四日市断層帯、6：鈴鹿東縁断層帯、7：鈴鹿西縁断層帯、8：頓宮断層、9：布引山地東縁断層帯、10：木津川断層帯、11：三方・花折断層帯、12：山田断層帯、13：京都盆地－奈良盆地断層帯南部（奈良盆地東縁断層帯）、14：有馬－高槻断層帯、15：生駒断層帯、16：三峠・京都西山断層帯、17：六甲・淡路島断層帯、18：上町断層帯、19：山崎断層帯、20，21，22：中央構造線断層帯、23：伊勢湾断層帯、24：大阪湾断層帯。

国土地理院は、1997年4月に「日本の地殻水平歪図」を刊行している。このなかに1883年～1994年の100年オーダーのわが国の測地測量データに基づいた「中部・近畿地方の地殻ひずみ（1883年～1994年の約100年間）」のページがある。
(http://www.gsi.go.jp/cais/HIZUMI-hizumi4-100.html)。

上記の「地殻水平歪図」から引用して中部・近畿地方の100年間の地殻ひずみ変化を図15に示してある。これを見ると、中部・近畿地方の約100年間のひずみ変化は、平均してほぼ東西方向に、

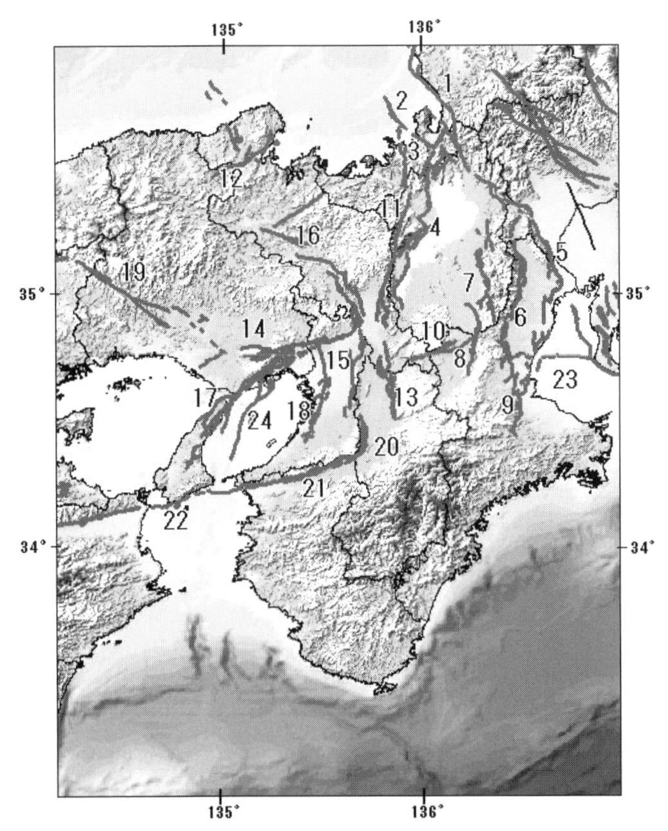

図 14　近畿地方の内陸で発生する地震と関係すると思われる活断層（推本）
(http://www.jishin.go.jp/main/yosokuchizu/kinki/kinki.htm)

1×10^{-7}/ 年の割合で縮み変化をしていることがわかる。

先に図 4（C）に示したように、地殻を構成する岩石は 10^{-4} 程度のひずみが溜ると破壊し、断層型地震が起こる。中部・近畿地方で年間 10^{-7} の割合で一様にひずみが蓄積していくとすると、1000 年で 10^{-4} のひずみに達する。そこで、早ければ同じ場所で、

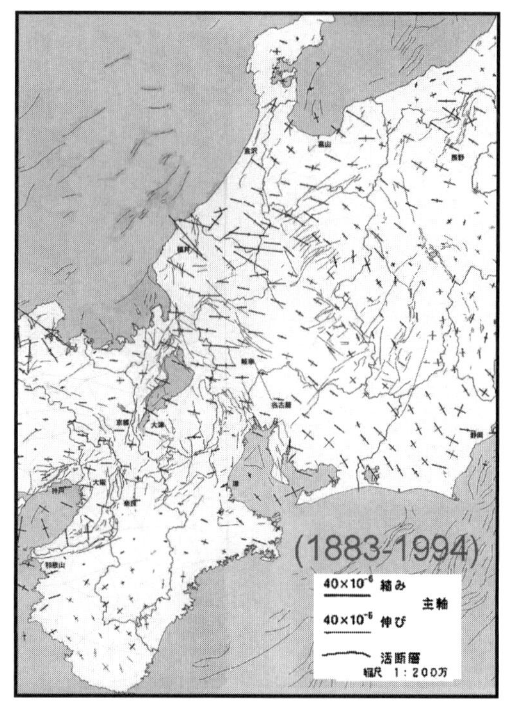

図 15 中部・近畿地方の 100 年間の地殻ひずみ変化（国土地理院）
(http://www.gsi.go.jp/cais/HIZUMI-hizumi4-100.html)

1000 年に 1 回、同じ活断層が動いて、地殻内断層地震が起こることになる。しかし、国土地理院によれば、1 つの活断層による地震発生間隔は、1000 年から数万年と非常に長い幅をもっているようである。（http://www.gsi.go.jp/bousaichiri/explanation.html）

1 つの活断層による地震発生間隔は、1000 年から数万年と長い幅をもつとしても、過去 500 年以内に活動した活断層は、少なくとも今後 100 年程度で再び活動することはないと考えてよいであろう。小田切聡子・島崎邦彦（2001）による「歴史地震と起震断層との対応」（地震、54 巻、47-61 頁）のなかに、過去 500 年以内に中部・近畿地方を中心とする西日本で活動した活断層として、次の 7 例があげられている（図 16)。

ⅰ 阿寺断層帯主部 1586 年（天正 13 年）天正地震

ⅱ 濃尾断層帯主部（根尾谷断層、梅原断層）及び温見断層北西部 1891 年（明治 24 年）濃尾地震

ⅲ 木津川断層帯 1854 年（安政元年）伊賀上野地震

ⅳ 三方断層帯、花折断層帯北部 1662 年（寛文 2 年）の地震

ⅴ 有馬 - 高槻断層帯 1596 年（慶長元年）慶長伏見地震

ⅵ 六甲・淡路島断層帯主部 1995 年（平成 7 年）兵庫県南部地震

ⅶ 中央構造線断層帯 (讃岐山脈南縁 - 石鎚山脈北縁東部)（16 世紀の地震）

過去 500 年以内に活動した活断層は、少なくとも今後 100 年程

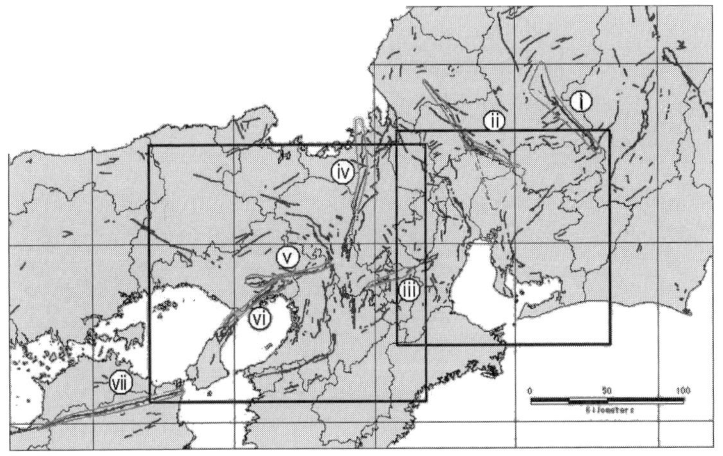

図 16　過去 500 年以内に西日本で活動した活断層（小田切・島崎：2001）

度で再び活動することはないと考えてよいとすれば、若狭湾の原発群に大きな影響を及ぼす三方断層帯及び花折断層帯北部は、1662（寛文2）年の地震で活動したと考えられるので、これらの活断層の危険度は当面、考慮しなくてもよいことになる。また、琵琶湖西岸断層帯南部の活断層は、1185（元暦2）の地震で動いた可能性がある。しかし、それ以外の琵琶湖西岸断層帯北部と花折断層帯中南部は、過去1000年以内に起こった地震との関連性が得られていないので、これらの活断層については、注意深く見守ることが必要であろう。

国土地理院の電子基準点のなかから近畿地方の京都、大阪、神戸地方の3点を選び、GPS観測によって得られた最近10年間の水平方向及び上下方向の変動を図9（右）～図10に示したが、これらの変動に京阪神の狭い範囲に限られた地域的な特徴は認められず、近畿地方一帯が2011年の東北地方太平洋沖地震の影響を大きく受

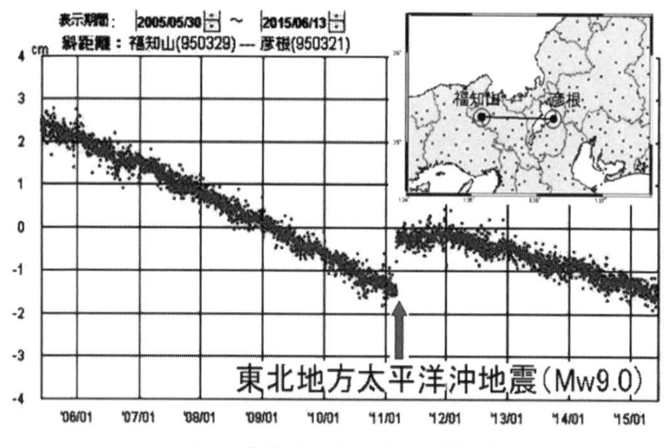

図17　福知山－彦根間のひずみ変化

けていることがわかった。図 17 に福知山（京都府）と彦根（滋賀県）の間の GPS 観測による基線長距離の変化（ひずみ変化）が示されているが、2 つの電子基準点の間の基線長距離の変化を表示すれば、その 2 点間のひずみ変化を表すことができる。

図 15 で示したように、中部・近畿地方の約 100 年間の測地測量の成果に基づく地殻ひずみ変化は、平均して 10^{-7}（1cm /100km）/ 年の割合で東西方向のひずみが蓄積している。福知山－彦根間は、ほぼ東西に並んでいて、約 100km 離れている。従って、この 2 点（福知山と彦根）の間の距離が年間 1cm 縮むと、この周囲で 10^{-7}（1cm /100km）/ 年の割合で東西方向のひずみが蓄積されることになり、100 年オーダーの測地測量の結果と、10 年オーダーの GPS 観測の結果とには、整合性がある。

GPS 観測に基づく図 17 を見ると、2011 年 3 月 11 日に東北地方太平洋沖地震が起きるまでは、この間の距離は年間 1cm 弱の割合で、ほぼ一様に縮んでいた。ところが、2011 年 3 月 11 日の地震で福知山－彦根間の基線長距離は、2cm 近く延びた。地震後にひずみ変化のトレンドは小さくなったが、1 年後くらいから再び縮みのトレンドが優勢になった。しかし、まだ地震前の 10^{-7}/ 年に近い縮みのトレンドには戻っておらず、地震前のトレンドに戻るまでにはあと 2 ～ 3 年はかかりそうである。

実は、筆者は 2010 年ごろに京都付近の過去の被害地震を調べていた。京都の神社仏閣に被害を及ぼし、多くの死者を出した京都付近の内陸地殻内地震の最近のものは、文政 13 年 7 月 2 日（1830 年 8 月 19 日）の亀岡を震源とする M=6.5 の地震（文政京都地震）であった。この地震で、死者約 280 名が出たほか、二条城や御所も多大の被害を受けた。その前の地震は寛文２年５月１日（1662年６月16日）に起きたM=7.5の地震（寛文地震）である。この地震で京都の町屋倒壊１千､死者200余の被害を受けている。京都は、このように、ほぼ150～200の間隔で大きな内陸地殻内地震に見舞われている。1830年の文政京都地震から180年経った2010年に「ぼつぼつ、京都でも次の被害地震が危ないかな」と考えていた矢先に2011年３月11日の東北地方太平洋沖地震（Mw9.0）が起きた。この海溝型巨大地震の影響で近畿地方も東に大きく引っ張られたために、それまで年間10^{-7}弱の割合で縮んでいたこの地域のひずみ変化が、２年間分ほど解消された。

ところで、次の南海トラフの海溝型巨大地震の前後に、日本海側の内陸地殻内地震の地震活動が活発化すると指摘する学者も多い。その根拠は、1944年12月７日東南海地震（M7.9）と1946年12月21日の南海地震（M 8.0）の２つの南海トラフの巨大地震の前に1925年５月23日の北但馬地震（M6.8)、1927年３月７日の北丹後地震（M7.3)、1943年９月10日の鳥取地震（M7.2）が起きており、南海トラフの巨大地震の後に1948年６月28日の福井地震（M7.1）が起こっているからである。

次の南海トラフの巨大地震は2038年ごろに起こるという説もある（尾池和夫:2038年　南海トラフの巨大地震､マニュアルハウス､2015)。そうなると、もうぼつぼつ若狭湾付近のM7クラスの内陸地殻内地震も警戒しなければならないのではなかろうか。次の被害地震は京都付近が先か、若狭湾が先かは、わからないが…。

次節でわが国の地震予知研究の現状について述べておく。

（6）わが国の地震予知研究の現状

わが国の地震予知計画は、1962年に、当時の地震学会の重鎮であった坪井忠二・和達清夫・萩原尊礼の3名の連名によって、地震予知ブループリント「地震予知―現状とその推進計画」が発表されたことに始まる。ここには地震予知研究計画の基本的な考え方が示されているが、なかでも地震の直前予知の最も有望な方法として、傾斜計や伸縮計を用いた地殻変動連続観測が期待されていた。それは、1943年の鳥取地震（M7.2）の際に，京大の佐々憲三や西村栄一らが震央から約60km離れた兵庫県の生野鉱山の坑道内で実施していた水平振子型傾斜計の連続観測で、地震の約6時間前から0.1秒角を超える大きな傾斜変化を記録したという例があったからである（図18)。

これが、大きなよりどころの1つとなり、1965年度からわが国の国家的事業として、地震予知研究計画が始まった。筆者は、1965年にこの計画が発足したときから、京大防災研究所において、傾斜計や伸縮計を用いた地殻変動連続観測に携わってきた。

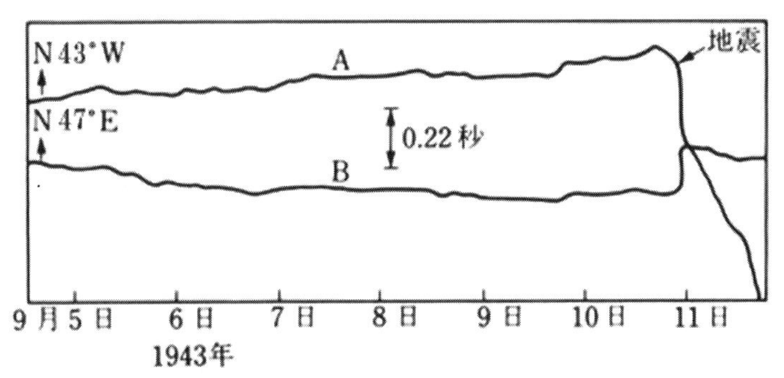

図18　1943年鳥取地震（M7.2）の際に生野鉱山(兵庫県)で観測された異常傾斜変動

1965年に5カ年計画でスタートした第1次地震予知研究計画は1年間短縮され、1969年から第2次5カ年計画が始まった。ここで注目されるのは、第2次からは、「地震予知研究計画」から「研究」がはずされ、「地震予知計画」となったことである。研究者は、地震予知ができるかどうかは、まだまだ研究段階であると考えていたが、政府・文部省は、地震予知の実用化に向けて、事業費を出すという方針を明確に打ち出してきた。それ以後、現場の研究者と行政当局との間で、地震予知についての認識に大きなずれが生じた。

その後、地震予知計画は、第3次、第4次、…と順調に推移したが、1995年1月17日に兵庫県南部地震（M7.3）が発生した。この地震の際に、有意な地震の前兆現象は見つからなかったので、地震予知研究計画は見直され、1995年に地震防災対策特別措置法が成立し、地震調査研究推進本部（推本）が設立された。そして、地震予知計画は、「短期的な地震予知をめざす研究」よりも、「地震の準備から地震発生にいたる全過程を理解し、地震発生にいたるモデルの構築」や「地震を含めた地殻活動のモニタリングと予測シミュレーションの実現」に重点がおかれるようになった。つまり、地震の直前予知は難しいが、地震を発生させるプレート境界や活断層にどのように力（応力）が集中していくか、地震の発生に向けてどのようなことがプレート境界や活断層で起きているか、さらに地震が発生したときのプレート境界や断層のすべりについて一連の過程として理解し、定量的なモデルに基づいて予測をすることをめざすようになった。このような地震予知計画の変遷については、「日本の地震予知・予測研究の歴史（1962年のブループリント以降）」（http://www.zisin.jp/modules/pico/index.php?content_id=3023）を参照していただきたい。

ここで、1995年兵庫県南部地震を例として、地震の直前予知がいかに難しいかを手短に紹介しておく。兵庫県南部地震は、1995年1月17日5時46分52秒（日本時間）に発生したM7.3の地震であり、6000名を超える人々が命を失うなど、兵庫県南部を中心に甚大な人的・物的被害を受けた。

この震源領域の長さ50km超で、深さ約5～18kmの断層面が破壊したが、それまでに、この地震断層面が一度に破壊することを示唆する長い活断層の存在は、一般には認められていなかった。図

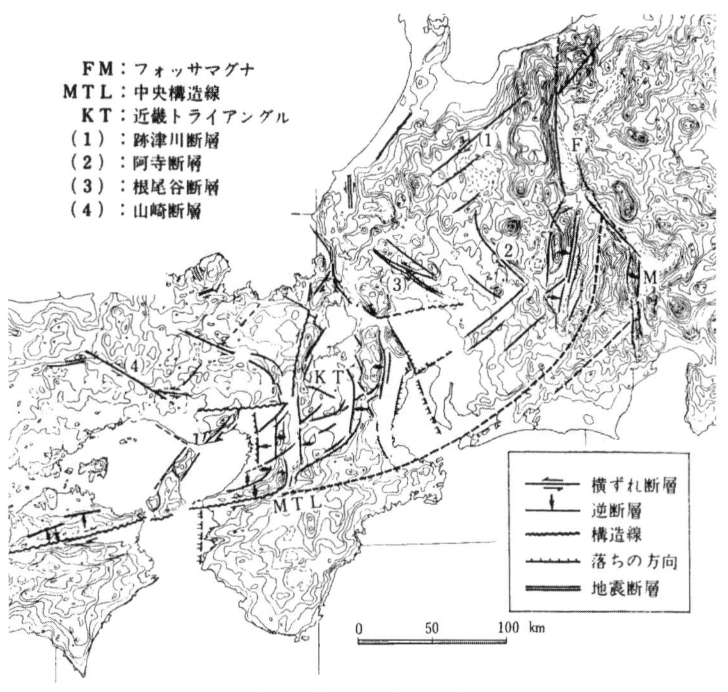

図19　西南日本の活断層の分布図（藤田和夫：1984）

19 に藤田和夫によるアジアの変動帯（1984）から引用した西南日本の活断層の分布図を示しておく。この文献を含めて、当時の地震予知計画の関係者の間では、兵庫県南部地震が起きる前には、神戸市側では短い断層が雁行する六甲断層系と淡路島側では野島断層などの短い断層が何本か存在することが知られていたに過ぎなかった。

この地震は北東－南西走向のほぼ鉛直な 3 本の断層が、西側から順番に右横ずれ運動したものと推定され、まず、淡路島の野島断層が大きな破壊を起こし、続けて神戸側の 2 つの断層が遅れてやや小さい破壊を起こした運動であったと考えられている。兵庫県南部地震に先行する六甲－淡路島断層帯の地震活動として、約 400 年前の伏見地震（1596 年）の際には、有馬－高槻断層帯、五助橋断層、淡路島の楠本断層、東浦断層、先山断層が連鎖的に活動したとの指摘もある（例えば、遠田晋次 (2010)：活断層研究と内陸地震の長期予測－阪神淡路大震災以降 , 自然災害科学 , 第 28 巻 , 第 4 号 , 299-312 頁）。

われわれ地震・地殻変動の専門家は、次に京阪神及びその周辺地域で起こる内陸部の地殻内断層地震としては、神戸－淡路島間よりも、その西側にある岡山県東部から兵庫県南東部にかけて分布する全長約 80km の山崎断層系の方が危ないと考え、山崎断層系周辺の地震・地殻変動観測体制を強化していた。神戸－淡路島間については、それまで知られていた活断層分布や兵庫県南部地震直前の微小地震の活動度の変化を見ていても、危険が差し迫っているとは考えられなかった。

兵庫県南部地震が起こる 1 年 1 か月前の 1993 年 12 月に神戸市

のポートアイランドで23カ国、189名の世界的に著名な地殻変動研究者を集めて第8回地殻変動国際シンポジウムがアジアで初めて開催された。筆者はこの国際シンポジウムの組織委員会事務局長兼実行委員長を務めたが、参加した研究者のなかで、会場となった神戸国際会議場の近くでM7.3の地殻内断層地震が1年1か月後に起こると考えた者は誰もいなかった。世間一般の期待に反して、地震予知に関する国際的な学問のレベルはこんなところである。

兵庫県南部地震の長さ50kmを超える震源断層に相当する長い活断層の存在は、一般には認められていなかったが、活断層の見出されていないところで内陸の地殻内断層地震が起こった他の例を紹介しておこう。まず、空白域でM7クラスの地殻内断層地震が起こった例として、2000年10月6日13時30分に鳥取県西部を震源として発生した鳥取県西部地震（M7.3）が知られている。この地震は、兵庫県南部地震と同じ規模であったが、震源地が山間部であったこともあって、幸い死者はなかった。また、後の章で述べるように、2005年3月20日に発生した福岡県西方沖地震（M7.0）については第2章で説明するが、この地震の近くの陸域には警固（けご）断層という活断層が認められていたが、福岡県西方沖地震はその北西延長上の玄界灘の地震空白域で発生した。

要するに、地震予知を考える上で、既存の活断層の動きだけに注目していては、いけないということである。

それでは、近年著しく観測体制が強化された微小地震の活動度を精密にモニターしていれば、地震予知に迫れるであろうか？　微小地震とは、人体では感じないが，高感度地震計で検出されるような地震であり、Mが3～1の地震のことである。なお、M1未満の地震は極微小地震とよばれている。地震は、マグニチュードの大きいものほど数が少なく、マグニチュードの小さいものほど数が多いという一定の発生頻度分布があり、その傾向は同じ地域においては、大きい地震でも微小地震でも変わらない。

図 20 は、京大防災研究所で求められた兵庫県南部地震の直前 10 年間（1985 年 1 月 17 日 5:46 〜 1995 年 1 月 17 日 5:45）の近畿地方の微小地震の活動分布図である。

図 20 から、「兵庫県南部地震震源領域」と周辺の「有馬・高槻断層帯周辺」、「山崎断層周辺」、「家島諸島周辺」、「和歌山市周辺」の 10 年間の微小地震の活動度を比較して見ても、この直後に「兵庫県南部地震震源領域」で、M7.3 の地震発生を予測できる情報は

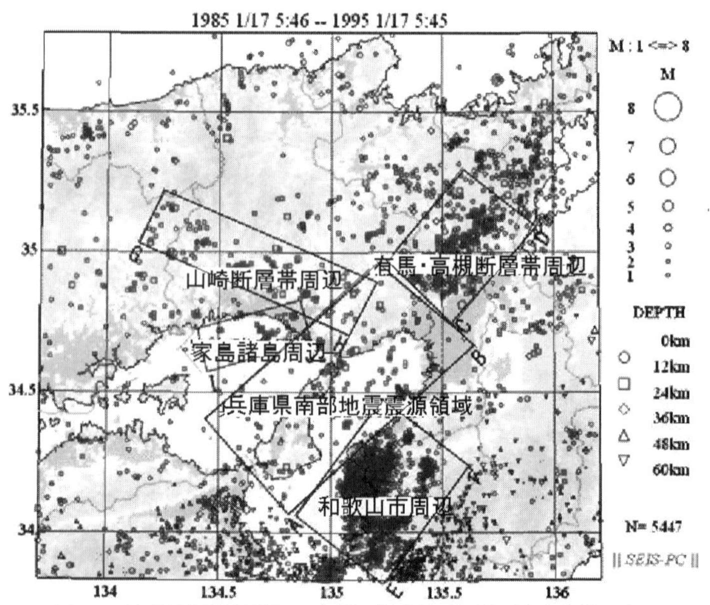

図 20　兵庫県南部地震前 10 年間の微小地震活動（京大防災研究所）

見つからない。つまり、微小地震の稠密観測を行っていても、M7程度の地殻内断層地震の予知は、難しいということを、この図は示している。

次に、地震予知研究計画の発足時から地震の直前予知の本命として大きな期待が寄せられていた地殻変動連続観測は、兵庫県南部地震のときにはどんな観測結果が得られたのであろうか？　京大が神戸市の六甲高雄地殻変動観測室で行っていたレーザー伸縮計を用いた高精度地殻変動連続観測のデータ解析の結果を以下に紹介しておく。図 21 は、六甲高雄観測室と兵庫県南部地震の震源断層の相対的な位置関係を示したものである。この図から、六甲高雄観測室は、震源断層のごく近傍に位置していたことがわかる。

六甲高雄観測室は、神戸市中心部と神戸市北部や三田市などを結ぶ兵庫県道 15 号神戸三田線の深刻な慢性渋滞を解消する目的のバイパス道路として 1976 年に建設された新神戸トンネルと、1988 年にその東側に増設された第 2 新神戸トンネルとを結ぶ約 300 m の長さの避難通路を利用して、1989 年より地殻変動連続観測が行われている。避難通路は、まさに緊急時に利用されるものであ

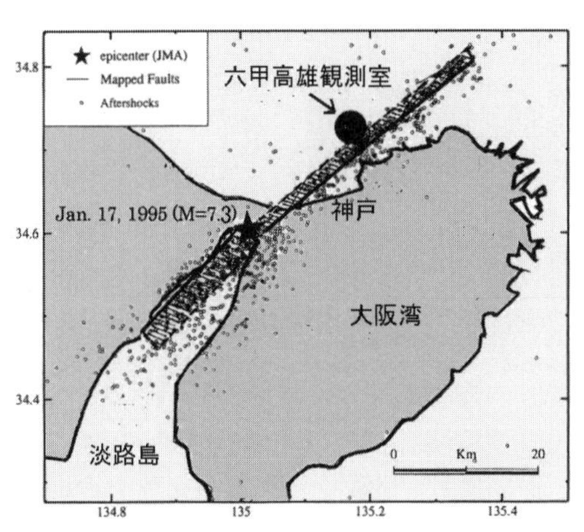

図 21　兵庫県南部地震の震源断層と六甲高雄観測室

り、通常は使われることがない。そこで京大は、約 8km のトンネルのほぼ中央付近にある、新幹線新神戸駅近くの布引側入口から数えて 3 番目の長さ約 300m の避難通路を借り受け、六甲高雄地殻変動観測室として、1988 年に地殻変動観測装置や、温度計、気圧計、水量計などを設置した。1995 年 1 月の兵庫県南部地震の発生時を含む 1989 ～ 1997 年の期間には、同観測室に高精度のレーザー伸縮計を設置して、地殻変動精密観測を実施した。

図 22（上）には六甲高雄観測室におけるレーザー伸縮計の配置図が示されており、同図下の左側には、レーザー伸縮計の本体であるレーザー発振器（ヒューレット・パッカード製）と手前の反射鏡部 (A)、同図右側は、(A) から 15.4m 離れた奥側の反射鏡部 (B) の写真である。

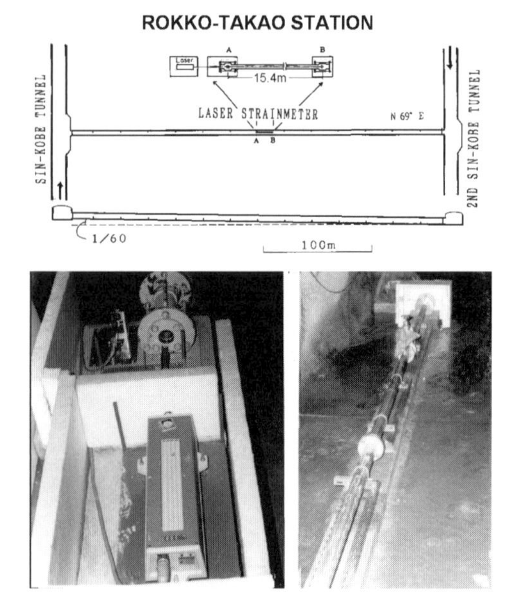

図 22　六甲高雄観測室におけるレーザー伸縮計の配置図（上）とレーザー発振器（下左）、反射鏡部 (下右)

このレーザー伸縮計装置を用いて得られた兵庫県南部地震の発生時までの 1 週間の記録が図 23 に示されている。図 23 のグラフの最上部がレーザー伸縮計

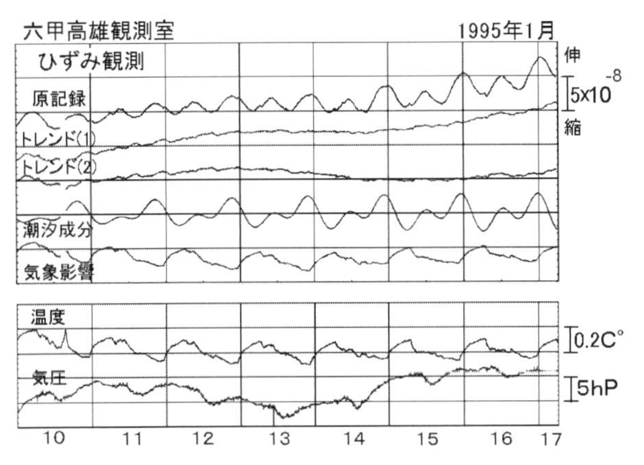

図 23　レーザー伸縮計を用いて得られた兵庫県南部地震の発生までの 1 週間の地殻　ひずみの記録（上）と同期間の坑内温度及び気圧変化（下）

で得られた地殻ひずみ変化の [原記録] であり、この記録の周期成分のほとんどは、地球潮汐※2 のひずみ変化の成分である。地球潮汐成分の位相と振幅の変化は、他の天体の引力を既知量として、正確に計算することができる。そこで、伸縮計や傾斜計を用いて地殻変動の精密観測を実施するとき、計器が地球潮汐を正しく記録しているかどうかを目安として、計器検定（キャリブレーション）ができる。六甲高雄観測室のレーザー伸縮計は、この地球潮汐変化を利用した計器検定の結果、世界でも第一級の正確な伸縮計であることが立証されている。

図 23 に戻って、[原記録] の下に示した [トレンド (1)] は 1989 年 1 月～ 1995 年 1 月の長期のトレンド成分、[トレンド (2)] は [ト

※ 2　地球潮汐は、月や太陽などの他の天体の引力によって引き起される固体地球の変形現象である。日本付近で測られる地球潮汐の変動量は、重力変化が約 0.2 ミリ・ガル、傾斜変化が約 0.06 秒角、伸縮変化が 10^{-8} の桁である。

レンド (1)] の変化から直線変化分を差し引いた残りのトレンド成分である。[潮汐成分] は原記録に含まれる地球潮汐のひずみ成分であり、これは観測室の緯度・経度と時間を与えてやれば、計算から求められる。また、[気象影響] は、次の [温度] と [気圧] に示されている観測坑道内の気象変化から計算される見かけのひずみ変化である。

もし、地震の前兆的ひずみ変化があるとすれば、[原記録] から [潮汐成分] と [気象影響]、さらに全期間のトレンド [トレンド (1)] から直線変化分を差し引いた [トレンド (2)] にその変化は現れるはずであるが、図 23 を見てもそのような異常変化はまったく見いだされなかった。1 月 10 日の午後に 3 時間ほど記録の乱れがあるが、これはメンテナンスのために 3 名の要員が入坑した影響である。

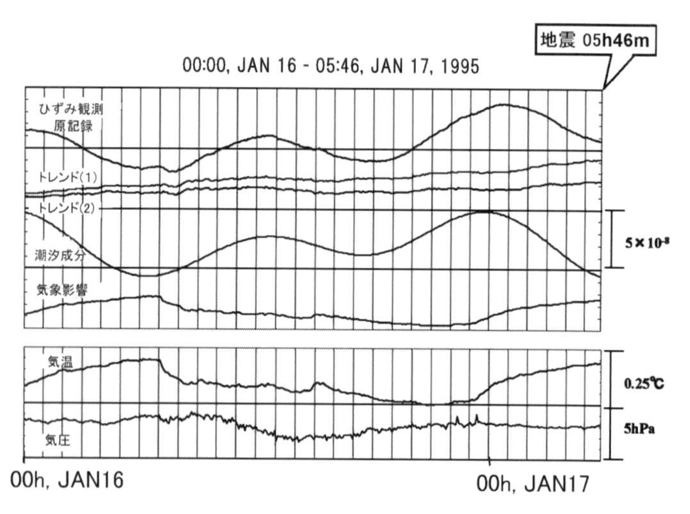

図 24　レーザー伸縮計を用いて得られた兵庫県南部地震直前（約 30 時間）の地殻ひずみの記録（上）と坑内温度及び気圧変化（下）

また、図24には地震前日（1月16日）の0時0分から地震当日（1月17日）の5時46分までの約30時間の記録を示してあるが、地震の前兆的ひずみ変化は全く観測されなかった。

以上見てきたように、兵庫県南部地震の場合、M7.3の内陸部地殻内断層地震の震源のごく近傍で、計器の信頼性のきわめて高いレーザー伸縮計を用いて地殻ひずみ精密観測を実施したにもかかわらず、前兆的ひずみ変化はまったく観測されなかった。このことは、1965年に発足したわが国の地震予知計画で、地震予知の最も有望な方法として期待されていた傾斜計や伸縮計を用いた地殻変動連続観測から地震の前兆的ひずみ変化を見出すことは、極めて難しいと結論せざるを得ない。

このほかにも、地震予知計画で国内の傾斜計や伸縮計を用いた地殻ひずみ変化の観測体制が充実し、同一観測点に多種類・多数の計器が配置されるようになったが、地震直前に複数の観測点で多数の計器に同時に異常変化が見つかったという信頼性の高い例は、2011年の東北地方太平洋沖地震の例を含めて、これまでに1つも認められていない。大学や関連研究機関で日々の努力は続けられているが、「日くれて道遠し」の感がある。

2．原発と地震

(1) 関電側の大飯原発についての地震対策

2012 年 11 月 29 日、京都市民を中心に 1107 名が原告となり、京都地裁に大飯原発 1 号機から 4 号機までの差し止めと損害賠償を求めた第一次提訴を行った。訴訟の第 1 回口頭弁論は、2013 年 7 月 2 日に開かれ、原告団長の筆者は、「地震国日本で原発稼働は無理」と題する意見陳述を行った。そして、2013 年 11 月 28 日に原告側第 2 準備書面「大飯原発における地震・津波の危険性」を京都地裁に提出し、2013 年 12 月 3 日に開かれた第 2 回口頭弁論で原告側の弁護団地震班からこの問題についての意見陳述が行われた。

これらに対して、被告の関電及び国の弁護団は、2015 年 5 月 21 日付で関電側は主に地震に関する内容の準備書面（3）を提出してきた。これを受けて、原告側は 2015 年 10 月 15 日に第 15 準備書面「被告関電準備書面（3）（地震）に対する反論（1）」とともに、証拠書類として、原告団長の意見書等を提出した。そして、2015 年 10 月 20 日に開かれた京都地裁の第 8 回口頭弁論では、この内容に沿って原告側弁護団の意見陳述を行うとともに、筆者も地球物理学者としての意見を述べさせてもらった。この時点で原告数は 2693 名に増えており、さらに、2016 年 1 月 13 日の第 9 回口頭弁論の当日に 393 名の追加提訴を行うことができて、現在の原告数は、3086 名に達した。第 9 回口頭弁論の前日の 1 月 12 日に、原告側第 16 準備書面「被告関電準備書面（3）（地震）に対する反論（2）」を提出し、翌 1 月 13 日には、原告側弁護団からこの内容の意見陳述があった。

以下、原告側と被告関電側の双方の準備書面を引用しながら、大飯原発の地震対策についての争点を紹介する。なお、原告側と関電側の双方の準備書面は、京都脱原発訴訟原告団のホームページ（http://nonukes-kyoto.net/）の裁判資料から閲覧できる。

関電側の準備書面（3）に書かれている基本的な考えを読むと、関電としては、原子力規制委員会が求める「基準地震動」について、過去の記録や詳細な現地調査等の結果に基づき、厳しく定めて、原発の諸施設が余裕をもってそれに耐え得るように耐震安全性を設計しているので、地震に対する安全性は確保されているという主張である。その方向に沿ったこれまでの「基準地震動」の実際の取り扱いについては、同準備書面(3)の24頁以下に次のような説明がある。少し長くなるが、その要点を以下に引用しておく。

大飯発電所1号機及び2号機の建設時（～1979年）には、まだ「基準地震動」という言葉は用いられていなかった。しかし、（社）日本電気協会が策定した規格である「原子力発電所 耐震設計技術指針と基本的に同様の考え方により、発電所建設地点及びその周辺の過去の地震被害記録や地形・地質調査の結果等を踏まえ、大飯1、2号機の耐震設計に用いる地震動として、最大加速度が270ガルの地震動と最大加速度が405ガルの地震動とを設定した。

昭和56（1981）年に、原子力安全委員会により「発電用原子炉施設に関する耐震設計審査指針」が制定された。これは、発電用軽水型原子炉の設置許可申請(変更許可申請を含む)に係る安全審査において、耐震安全性確保の観点から耐震設計方針の妥当性について判断する際の基礎を示すことを目的として定められたものであり、従来から実務上行われていた安全審査の内容を明文化したものであった。

平成3（1991）年に稼働した大飯3、4号機の建設時には、本件発電所敷地周辺について、文献調査、空中写真判読、現地調査等による活断層調査を実施した上で、原子力安全委員会の「耐震設計審査指針に照らし、大飯3、4号機の耐震設計のための地震動として、設計用最強地震を考慮して、基準地震動 S1(最大加速度 270 ガル)を、設計用限界地震を考慮して、基準地震動 S2(最大加速度 405 ガル)を策定した。

その後、兵庫県南部地震（平成7（1995）年1月）を契機とした知見の蓄積と地震動評価手法の著しい発展があった。原子力発電所についても、原子力安全委員会が、平成8（1996）年度から、耐震設計審査指針に反映するべき新たな知見・技術の情報の収集と整理を実施して、平成13（2001）年度に、地質学、地震学、地震工学等の専門家で構成された耐震指針検討分科会を設置した。そして、約5年間にわたる分科会の審議を経て、平成18（2006）年9月に、耐震設計審査指針が大きく改訂されるに至った。

この平成18年改訂後の耐震設計審査指針では、従来、「基準地震動 S1」と「基準地震動 S2」の2種類の基準地震動を策定することとなっていたものが「基準地震動 Ss」に一本化され、基準地震動の策定にあたって震源として考慮する活断層の活動時期の範囲が拡張されるとともに、基準地震動の策定方法も高度化された。「基準地震動 Ss」は、震源を特定した「検討用地震」を選定して策定される「敷地ごとに震源を特定して策定する地震動」と国内外の観測記録をもとに策定される「震源を特定せず策定する地震動」とに基づいて策定されることとされた。それに基づき、大飯発電所のSsは700ガルと策定された。

そして、平成23（2011）年3月11日の東北地方太平洋沖地震に伴う福島第一原子力発電所事故を受けて、原子力安全委員会は原子力規制委員会に改組され、規制委員会では「新規制基準」を定めた。これに伴い、関西電力では、大飯発電所の基準地震動をより保守的で厳しいものとなるように見直し、敷地内でSs－1～Ss－19の基準地震動を求め、最大はSs－4の856ガルと策定された。

以上の「基準地震動」の実際の取り扱いについての説明を含めて、関電側準備書面（3）は、168頁に及ぶ大部の書面であり、関電が大飯原発の耐震安全性についていかに細かく検討してきたかということを、専門用語をちりばめて詳しく述べている。しかし、こちらが知りたいことについては、微妙に焦点を外しているという印象を受けた。

本書面でしばしば出てくる「保守的」、「保守性」という言葉は、本件発電所での地震動が大きくなる方向で評価するなど、安全性を高めるために厳しい評価を行うことであるとの説明があるが、この言葉を私企業たる関電を守るための「保身的」、「保身性」という意味であると解釈すると、この書面はそれなりに理解できる。

次に、関電が基準地震動の値として856ガルを求めたプロセスを簡単に説明しておく。図25は、関電側準備書面（3）に示されている「図表16若狭湾周辺の主な活断層の分布」から大飯原発に近い部分だけを引用したものである。この図を見ると、大飯原発か

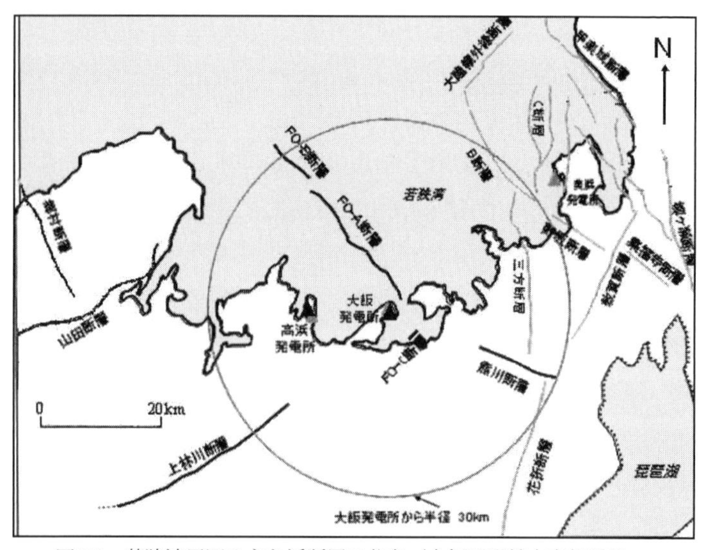

図 25　若狭湾周辺の主な活断層の分布（大飯原発差止京都訴訟：
関電側準備書面（3）の図表 16 から引用）

ら 30 km 以内に北西から東南に FO － B、FO － A 及び熊川断層の 3 本の断層が並んでいる。関電は、最近まで FO － B ～ FO － A 断層と熊川断層は約 15 km の離隔を有しており、これらの断層が連動していることを示す地質構造も認められなかったことから、これらの断層は連動しないと考えていた。

しかし関電側は、規制委員会の議論も踏まえて、より安全側に考えることにして、この 3 本の断層が連動して動くことを想定した。そして FO － B ～ FO － A ～熊川断層を含む断層の長さ 63.4 km で、マグニチュード 7.8 に相当する地震を「敷地ごとに震源を特定して策定する地震動」の最も深刻な「基本ケース」と考え、基準地震動（最大加速度）Ss を求めた結果、856 ガルが得られたという。この値が「敷地ごとに震源を特定して策定する地震動」と「震源を特定せず策定する地震動」とを含めて、大飯原発で想定しうる最大の地震加速度としている。

「震源を特定せず策定する地震動」に関する関電側の主張は、中央防災会議の「東南海、南海地震等に関する専門調査会」が平成20年12月に取りまとめた「中部圏・近畿圏の内陸地震に関する報告」に基づいていると考えられる。この報告では「活断層が地表で認められない地震規模の上限については、今後の学術的な議論を待つ必要もあるが、防災上の観点から、今回の検討では，M6台の地震のうち大きなものとしてM6.9を想定する」と述べられている。

さらに関電側は、大飯発電所の場合には、「敷地ごとに震源を特定して策定する地震動」として、敷地近傍にFO－B～FO－A～熊川断層の連動を考えM7.8の地震を想定しているので、M6.9を上限とする「震源を特定せず策定する地震動」については、とくに考慮しなくても、何ら問題はないと主張する。

関電側は、兵庫県南部地震（1995年1月）を契機とした知見の蓄積と地震動評価手法の著しい発展を原子力発電所の耐震設計にも生かすべく、努力をしたと準備書面には随所に書かれている。しかし、第1章に書いたように、兵庫県南部地震が起きる前に、神戸市側では短い断層が雁行する六甲断層系と淡路島側では野島断層などの短い断層が何本か存在することが指摘されていたが、この地震で長さ50km超、深さ約5～18kmの断層面が一度に破壊することを示唆する長い活断層の存在は知られていなかった。このように、既存の活断層が連動して動いて大きな地殻内断層地震が起こった例は、これまでに国内・国外で多数知られていたのに、関電側が最近までFO－B～FO－A断層と熊川断層は連動しないと考えていたことは、過去の歴史を正しく認識していないと批判せざるを得ない。

関電側準備書面（3）をまとめる段階で、関電側がFO－B～FO－A断層と熊川断層とが連動して活動すると想定した検討用地震の震源断層モデルを図26に示してある。まず、基本ケースとして、断層の上端深さ3 km及び下端深さを18km、左横ずれ断層傾斜角90°、すべり角0°、破壊伝播速度0.72 β（βは地震発生層のS波速度）とし、アスペリティ※3を各断層の原発の敷地に近い位置に配置した震源断層モデルを設定したということである。

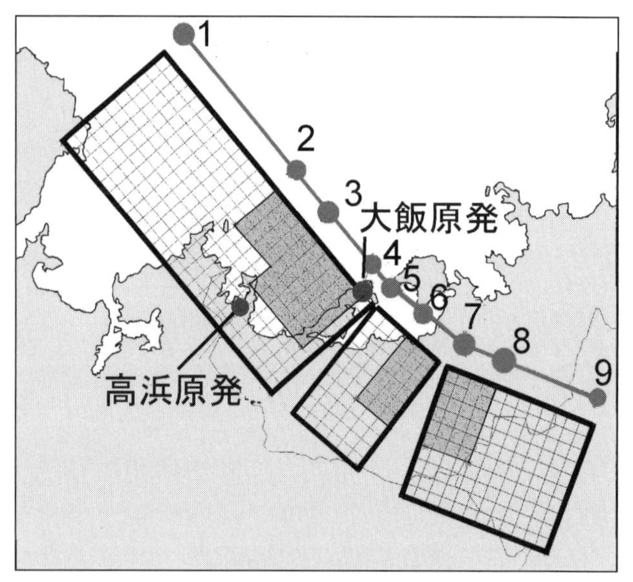

図26　FO－A～FO－B～熊川断層のモデル図（基本ケース）
（大飯原発差止京都訴訟：関電側準備書面（3）の図表28から引用）

※3　ここで使われているアスペリティとは、断層面のなかで通常は強く固着しているが、地震時に大きな地震波（強震動）を発生させる領域の意味。

図26に示した3つのブロックに分けた断層モデルのなかで、やや濃い色で示したのが、仮定されたアスペリティ領域である。検討用地震の断層モデルが地表に顔を出す場所は、図25に示したFO－B～FO－A断層及び熊川断層の位置に準拠しており、図26に示した1～9の線上に並ぶ。大飯原発の敷地に最も近いところで3kmであり、それ以上敷地に近づくケースは考えていない。

1~9の各点は、さまざまなアスペリティ領域を考えて、応答スペクトルを計算する際に用いられた仮想的な破壊開始点である。このモデルでは断層傾斜角を90°と基本的に考えているので、真上から見ると断層面が単なる一本の線になってしまう。そこで、図26では便宜上、震源断層を横倒しした状態（断層傾斜角を0°にした状態）で表示してあるが、実際の断層傾斜角は90°であるので、本来の断層面は、1～9の線の真下の深さ3～18kmに直線状に並んでいる。断層傾斜角の説明については、図27を参照していただきたい。

大飯原発の基準地震動（最大加速度）Ssを求める具体的な評価

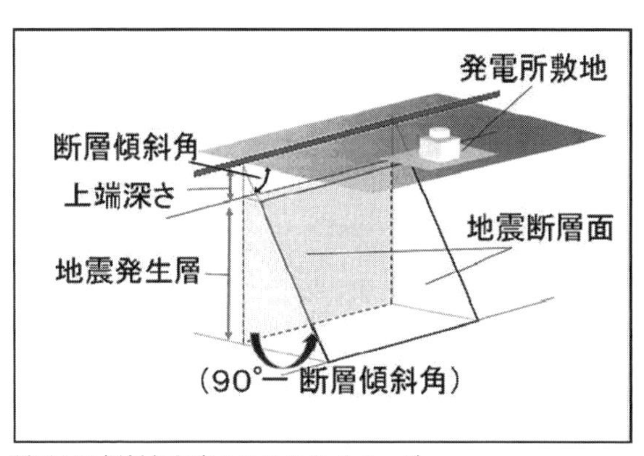

図27　断層面の傾斜角を変えることのイメージ
（大飯原発差止京都訴訟：関電側準備書面（3）の脚注図表15を引用）

のプロセスについては、次のように説明されている。まず、評価の手順としては、「応答スペクトルに基づく地震動評価」を最初に試みて、岩盤における合理的な設計用地震動評価手法である「耐専式」(Noda・他、2003) を用いて評価しようとした。しかし、「この想定地震（M 7.8）は等価震源距離が 11.0 km であり，耐専式における『極近距離』（M8 で 25 km、M7 で 12 km）に比べて著しく短いため、その地震動評価に耐専式を用いるのは適当ではないと判断した」と書かれている。要するに「耐専式」は発電所敷地のごく近傍を地震断層が走る場合には使えないということを示している。関電側準備書面（3）に検討用地震の「震央距離」は、敷地から 3km と書かれているのに、等価震源距離を 11.0km としているのも作為的な感じがするが、断層が敷地内を横切るケースは、最初から想定外としている。

そこで次に、関電は「断層モデルを用いた手法による地震動評価」を試みている。この手法では、断層長さ、断層上端・下端深さ、断層面積（S)、地震モーメント（Mo)、短周期レベル（A)、アスペリティ面積（Sa)、平均応力降下量（Δσ）、破壊伝播速度（Vr）等の震源特性に関するさまざまなパラメータ（震源断層パラメータ）を設定して、55 ケースを評価したという。このなかで、短周期レベル（A）とは、震源特性のうち、短周期領域における加速度震源スベクトルのレベルを表す値（単位 :N・m/S2（N はニュートン）ということで、実際に発生した地震の短周期レベルは、地震観測記録（観測波）から、地震波の伝播特性及び地盤の増幅特性（サイト特性）の影響を取り除くことにより求められるそうであるが、関電は大飯原発サイトでの地震観測記録に基づいて短周期レベルを求めていない。このようなさまざまパラメータ設定によって得られた地震加速度は、300~800ガルのオーダーで、最大加速度はSs－4のケースの水平動東西成分の856ガルであったという。しかし、このような多岐にわたるパラメータの妥当性を部外者が評価するのは極めて困難であろう。

また、断層傾斜角は、基本的に鉛直（90°）方向と考えていたが、図27に示すように断層傾斜角を西向きに75°とすると発電所敷地との距離が近くなり、より大きな地震動になるので、この断層傾斜角のケースも検討したが、最終結果に影響を及ぼさなかったということである。

ここまでの評価のプロセスを見てきて、関電側が基準地震動を見積もるのに大変な労力を費やしたことはよく理解できた。しかし、専門家にしか判断がむずかしい膨大なトリパタイト図（加速度、速度及び変位の最大値がわかるように表示したグラフ）の計算結果を準備書面に盛り込む必要性があったかどうかは疑問に思う。逆に重要なことは隠していて、そこに目を向けさせないために、理解が難しいパラメータをいろいろ変化させた計算結果を示して、素人にはわからないだろうが、関電はこれだけの努力をしているのだということを示したかったのではないかと思った。

(2) 大飯原発周辺の想定地震についての原告側の疑問

もっと基本的なことで関電側に聞きたいことは、関電側準備書面（3）に示されている敷地内の基準地震動（最大加速度）の評価の計算では、地表に現れた過去の活断層の位置が、今後、この活断層で内陸地殻内地震が起きるとしても変わらないという前提に立っていることである。つまり、検討用地震は、過去に活動した活断層が地表に姿を現した位置を基準に想定していて、検討用地震の地震断層が大飯発電所を横切るケースはあり得ないとしている。

図 25 及び図 26 に示されている大飯発電所と FO － B ～ FO － A 断層と熊川断層の位置関係で、大飯発電所に近い FO － A 断層の最も敷地に近い距離は 3km であり、検討用地震の断層モデルも、これ以上敷地に近づくケースは考えていない。

図 28 を見ていただきたい。この図は、同じ活断層で内陸の地殻内地震が繰り返し起こった場合、地中の同じ震源（破壊開始点）からスタートした地震であっても、その時々の三次元的な地殻内応力の分布状態によって、断層面の進む向きは異なる可能性があることを示している。断層面の傾きが数度違えば、地表に現れる断層は別のところに顔を出すことになる。FO － B ～ FO － A ～熊川断層が連動した想定地震では、このようなケースは考えられないのであろうか。もし、図 28 のような破壊のプロセスが許されるとすれば、地震断層が敷地内を横切るケースも考えなければなら

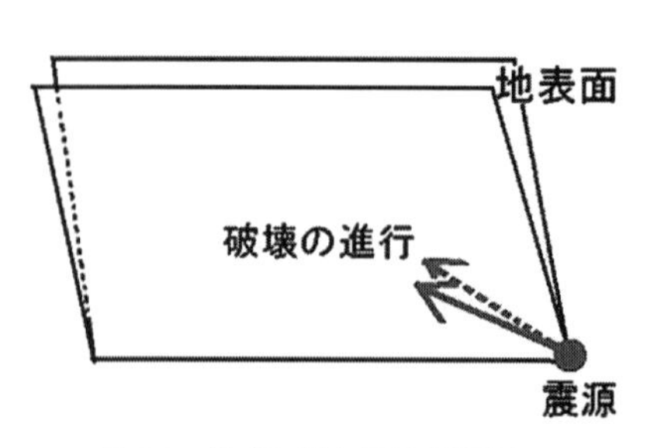

図 28　地表に現れる地震断層

ないであろう。

関電側準備書面（3）の終わり近くに、以下のような説明がある。「被告が用いている地震動評価手法は、決して、単純に過去の地震ないし地震動の平均像のみを内容とするものではなく、むしろ、当該地点の地域性を詳細に考慮した地震動評価を行う前提として必要となる、過去の地震ないし地震動の最も『標準的・平均的な姿』をまず基礎としているものである点で、極めて合理的なものである」。この『標準的・平均的な姿』は、データのバラツキを考えていないという点で問題があることは、後に述べる。

また、最後の頁には、「被告は，検討用地震の地震動評価において、震源断層の大きさ等の震源断層パラメータについて、保守的な条件で『基本ケース』を設定し、さらに、さまざまな『不確かさの考慮』を適切に行って敷地での地震動が大きくなる複数のケースを評価した上で、基準地震動Ss－1～Ss－19を策定している。本件発電所において、『平均像』を超える地震動が到来する蓋然性や根拠が何ら示されていないことは既に述べたとおりであるが、さらに、このように厳しい条件のもとで策定された本件発電所の基準地震動Ss－1～Ss－19を超過する地震動が到来する蓋然性や根拠は，より一層見出せないところである」。

これを読んで受けた印象は、やはり「結論先にありき」ということである。すなわち、関電はなるべく費用をかけずに原子力規制委員会の指示に従い、新規制基準に基づく規制委員会の審査に合格し、一日も早く原発再稼働を実現したいという私企業の意欲はよくわかった。しかし、ひとたび原発事故が起これば、その社会的な影響は極めて重大であり、後世に大きな負債を残すことになるのは明らかであるから、企業の責任として「保守的」の上にも「保守的」に考えるということであれば、地震断層が敷地内を横切るケースの検討結果も示して欲しかった。

次に、図 25 の大飯原発の左下に見られる上林川断層の扱いについて、関電側の対応に疑問を呈しておく。上林川断層の長さについては，関電側準備書面（3）に「断層の存在が明確な範囲は約 26km であるが、西端部が不明瞭であることから、断層の存在を明確に否定できる福知山付近まで延長して，保守的に 39. 5km と評価している。」と書かれている。しかし、断層南西部を大飯原発から離れる西側方向に延長させても、敷地内の地震加速度の計算にはあまり大きな影響を与えないことは予め予想できたのではあるまいか。

それよりも大飯原発に近い方向の北東部に断層面を延長させたらどうなるかを知りたいところであるが、準備書面 (3) には「走向が本件発電所向いている上林川断層…」と記載されているだけで、断層北東端については何も言及されていない。上林川断層についてはまだ十分な調査が行われていないが、亀高・他（2008、2009）に上林川断層は北東方向におおい町笹谷付近まで追跡されるという指摘がある。このように断層北東端が、現在知られている以上に大飯原発に近づく可能性があるとすると、上林川断層が再び動いたときの地震加速度の見直しが必要となる。さらに、図 25 に示されている上林川断層の東端部を延長すると、大飯発電所の敷地に向っていることは、誰が見ても明らかである。

前章で地震の空白域で M7 クラスの地震が起こった例の 1 つとして、2005 年 3 月 20 日に発生した福岡県西方沖地震（M7.0）の場

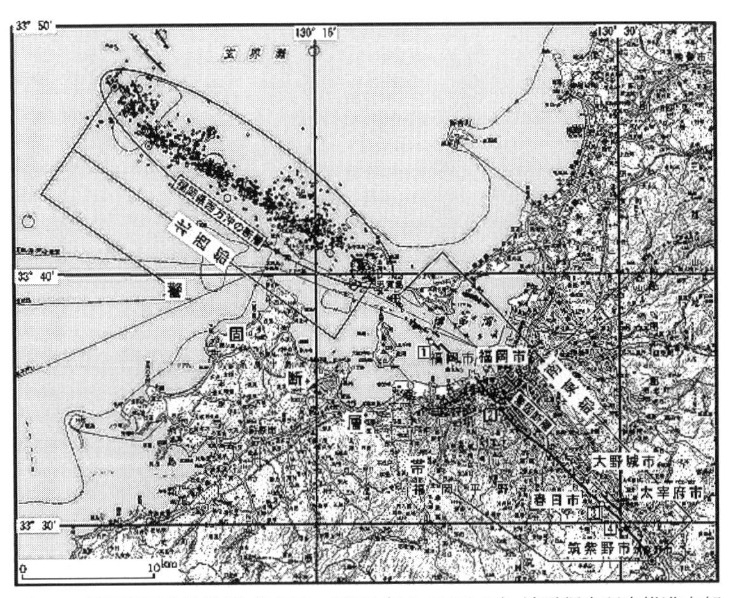

図 29　福岡県西方沖地震（M7.0、2005 年 3 月 20 日）地震調査研究推進本部（http://www.jishin.go.jp/main/yosokuchizu/katsudanso/f108_kego.htm)

合を紹介した。ここでは、既存の活断層の延長上の空白域で地震が発生したという観点から、もう少し詳しく述べておく。この地震の近くの陸域には警固（けご）断層という活断層が認められていたが、福岡県西方沖地震はその北西延長上の玄界灘の地震空白域で発生した（図 29)。地震調査研究推進本部は、この地震に関して以下のように述べている。

警固（けご）断層帯は、玄界灘から博多湾を経て、福岡平野にかけてほぼ北西－南東に分布する活断層帯です。2005 年の福岡県西方沖の地震は、従来からその存在が認められていた陸域の警固断層の、

北西延長上の玄界灘で発生しました。この地震の余震域と警固断層は、直線上にほぼ連続していることから、一連の活断層帯であると考え、これらをまとめて警固断層帯として扱っています。

専門家は、福岡県西方沖地震の余震域とそれまで陸域で認められていた警固断層が直線上にほぼ連続していることから、この地震以後は、これらを含めて一連の活断層帯であると考え、それをまとめて警固断層帯として扱っている。

空白域で地震が起きた後でこれをいう学者も無責任だとは思うが、図 29 に示した例から考えても、大飯発電所の「敷地ごとに震源を特定して策定する地震動」の上林川断層の扱いとしては、福岡県西方沖地震の場合と同じように、既存の活断層の延長上で大飯原発に達する内陸地殻内地震が起こることも想定して、モデル計算を行うべきであった。

西端部を福知山付近まで延長するよりも、東端部を大飯発電所まで延長して考えた場合の結果を聞きたかった。その場合には、大飯原発の基準地震動は 856 ガルでは到底納まらなかったのではないか。

(3)　基準地震動を 3 桁で提示する欺瞞性

関電側が、FO － B ～ FO － A ～熊川断層を含む断層の長さ 63.4 km で、マグニチュード 7.8 に相当する想定地震による大飯原発敷地内の最大加速度を 856 ガルと求めた過程については、前節で紹介した。しかし、さまざまな震源パラメータの数値を仮定して求めた想定地震のモデル計算で、敷地内の最大加速度（基準地震動）を 3 桁の有効数字で表示することは無理であろう。過去の地震の際の加速度計のデータを集めて、そのなかから最大の地震加速度を 3 桁の有効数字で求めるのとは、話が違う。

関電側は、専門家に依頼して、これらのパラメータを合理的に決めたということであり、これらのパラメータの妥当性を狭い範囲の専門家以外の人が評価するのは極めて困難である。しかも、細部にわたる地震断層パラメータの数値の与え方には、かなりの任意性がある。現在の学問レベルの常識から考えて、実際に目で見て確認することのできないこれらのパラメータにどんな数値を採用するかについては、専門家の間でも意見の分かれるところであろう。

被告関電は、膨大な量の計算結果を示したうえで、[基準地震動 Ss － 1 ～ Ss － 19] に示されている 19 例のなかで得られた最大加速度は、Ss － 4 ケースの水平方向（EW 成分）が 856 ガルであったという。関電側準備書面（3）の図表 47 から Ss － 4 のケースだけを取り出すと下記のようになる。

表 2 を見ると、856 ガルという最大の地震加速度（基準地震動）

表 2　基準地震動 Ss － 4 の最大加速度（単位はガル）

基準地震動		NS	EW	UD
Ss-4	FO-A FO-B 熊川断層（短周期 1.5 倍ケース・破壊開始点 3）	546	856	518

が得られたのは、Ss − 4 の例の短周期 1.5 倍ケースで、破壊開始点を図 25 の 3 とした場合の東西成分であるという。ここで、短周期の地震動レベルを 1.5 倍としたのは、新潟県中越地震の知見を踏まえたものだと説明されている。

この短周期地震動のレベルが、1.4 倍とか 1.6 倍でもよいとすれば、856 ガルの最大加速度の少なくとも 3 桁目は変わってくるであろう。このことから考えても、856 ガルと 3 桁の表示をしている基準地震動の信頼性は揺らいでくる。

このほかの断層パラメータについても、数値の与え方に任意性がある。例えば、上の表では、破壊開始点 3 を採用しているが、破壊開始点の選定と断層傾斜角及びすべり角の選定の仕方によって基準地震動の値は変わってくる。破壊開始点 3 よりも大飯原発の敷地に近い破壊開始点 4 か 5 を選定し、断層傾斜角及びすべり角を変化させて計算を行えば、856 ガルを超える基準地震動が得られる可能性もある。

さらに、図 26 の FO − B 〜 FO − A 〜熊川断層の連動を考えた想定地震を 3 つの領域に分けて、それぞれの領域をさらに細かい微小領域のメッシュに分けているが、どの部分がアスペリティ面積に入るかは、任意性がある。筆者は狭い意味の専門家ではないが、関電側が仮定したアスペリティ面積が唯一解ではないことは指摘できる。

いずれにせよ、断層パラメータの全ての数値を 3 桁以上の精度で確定するのは無理である。極言すれば、断層パラメータの数値の与え方によって、最大加速度はどんな値でも作りえると言える。

次に、最大加速度の議論に関して、M6.8 の地殻内断層地震の震源近傍で、飛び石現象が見つかった例を紹介しておく。2013 年 11 月 28 日に提出した原告側第 2 準備書面のなかで原告側は、京大防災研究所の研究（黒磯ほか：1984）を引用し、1984 年の長野県西部地震（M6.8）の震源近くで飛び石現象が見つかったことを紹介した。そして、この論文に基づき、このような現象が起きるには、地球の重力加速度（980 ガル）の 15 倍の地震加速度、すなわち 15000 ガル程度が働かなければならないと主張した。これに対して、関電側も飛び石現象があったことは認めた上で、2015 年 5 月 21 日の関電側準備書面（3）では、翠川ほか（1988）の論文を引用して、「このような現象は、地球の重力加速度の 2 倍（1960 ガル）程度でも起こりうる」と述べている。

黒磯ほか（1984）の研究によれば、図 30 に示したように、長野県西部地震の場合に見つかった飛び石の最大の寸法は、33 × 28cm、高さ 26cm で、重さ 20 〜 25kg と見積もられている。深さ 16 cm も土に埋まっていた大きく重たい石が、35cm も飛んだ。関電側は、飛び石現象は「地震の揺れによって振動する際に相互に押

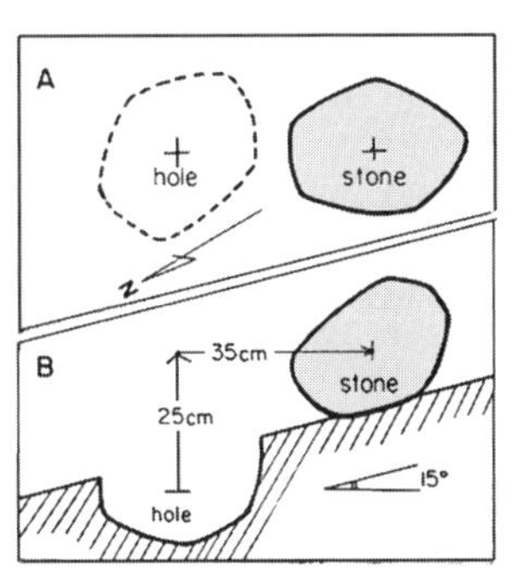

図 30　1984 年の長野県西部地震 (M6.8) で見られた飛び石現象で得られた写真（左）とその説明図（右）（黒磯・他、1985）

し引きし合い、互いの振動に影響を与え合った」ことで生じたと主張するが、科学的に根拠のある合理的な説明とは到底言い難い。

地表に浮いている石は、地球の重力加速度（980ガル）を超える地震加速度を受けると地上に跳び上がる。しかし、地中に埋まっている石が地上に跳び上がるためには、地球の重力加速度をはるかに超える地震加速度が働かなければならないのではないかと筆者は考える。

この現象は、M6.8の地震で、3km × 1kmのごく狭い範囲に限られたピンポイント的な場所で見つかったことはあるとはいえ、埋まっていた20kgを超える石が飛びだして、30cm以上も飛んだということは紛れのない事実である。

ところで、M6.8の長野県西部地震の震源近くで、このような現象が起きるためには、少なくとも2000ガル程度の地震加速度が生じたことは関電側も認めたわけである。それにもかかわらず、FO－B~FO－A~熊川断層が連動した場合の長さ63.4km、M7.8の想定地震の際に断層から至近距離にある大飯原発における最大地震加速度を856ガルとしているのは矛盾していると思われるが、読者の皆さんはどう感じられるであろうか？

飛石現象を起したような地震加速度が、大飯原発の敷地内でも観測されうると考えれば、基盤にしっかりと固定された原子炉本体はともかく、敷地内の地表面に置かれた送受信施設や細部配管装置などが重大な被害を受けることになる。1つの原発には5万本、のべ100kmもの配管があると聞く。これらの配管やその継ぎ目は短周期の地震の揺れに対して、本当に大丈夫なのか不安になってくる。福島第原発の過酷事故の際には、津波ではなく、震度6以下の地震動によって、送電線遮断機の 2m を超える碍子部が落下したり、地震による液状化現象で送電線（夜の森線 1•2 号線）の鉄塔が倒壊したりした。このような事故が、大飯原発では絶対に起こりえないという納得できる説明を関電より求めたい。

次に紹介するのは、「既往最大」の地震加速度に関する原告側と被告側の争点である。まず、2013 年 11 月 28 日付の原告側第 2 準備書面「大飯原発における地震•津波の危険性」のなかで、「地震•津波に対して原発に求められる安全性は少なくとも『既往最大』を基準とすべきこと」を主張した。これに対して、2015 年 5 月 21 日付の関電側準備書面(3)「第 2『既往最大』に関する主張について」のなかに、以下のようなことが書かれている。「原告らは，訴状及び原告ら第 2 準備書面において、原子力発電所の地震対策は " 少なくとも『既往最大』、すなわち、人間が認識できる過去において（•••）生じた最大の地震・・・を前提にした対策を採らなければ、十分な安全性を有しないと解するべきである " と繰り返して主張しているが、地域性の違いを無視して他の地点における『既往最大』の最大加速度値を単純に援用するのは誤りである。」とした上で、原告らが「既往最大」の具体的内容として挙げる地震動の最大加速度の記録は、いずれも本件発電所の基準地震動が過小であることの根拠にはならないと主張している。

原告側は、それまでに「既往最大」の地震加速度について、防災科学技術研究所（以後防災科技研と略記する）の強震計（加速度計）で 4022 ガルの加速度が得られている事実を法廷で述べた。すなわち、2008 年 6 月 14 日の岩手・宮城内陸地震（M7.2）の際に防災科技研の岩手県一関市厳美町の「一関西」観測点で 4022 ガルの地震加速度を記録した。これは世界最大の加速度としてギネスブックの認定を受けたという。(http://www.bosai.go.jp/press/pdf/20110111_01.pdf)。

これについての関電側の主張は、「岩手・宮城内陸地震の際に4022ガルという地震動が観測された地点と本件発電所敷地とは地域性に違いがあり、特に地盤の増幅特性（サイト特性）に関して大きな差異がある。かかる差異を考慮せずに、前提条件が異なり同列には論じられない数値同士を単純に比較することはできない」というものであった。そして、この観測記録自体にも問題があるとしたうえで、「岩手・宮城内陸地震の4022ガルという最大加速度の観測値の存在をもって、本件発電所の地震動想定が過小であることの根拠とすることは不適切なのである。」と断じている。

この主張の誤りというか、独断性について以下に述べる。まず、功刀 卓(くぬぎ たかし)・他:強震観測－歴史と展望－、(地震第2輯、61巻特集号、S19～S34、2009）に、K－net及びKiK－netについて、以下のように書かれている。

防災科技研の全国強震観測網（K－net）は、1995年の兵庫県南部地震直後から整備が開始され、全国を約20km間隔で均質に覆う1000点規模の観測網であるが、2008年4月1日時点の観測点数は1028点である。また、基盤強震観測網（KiK－net）はその後、地震調査研究推進本部の基盤的調査観測の一環として整備され、2008年4月1日時点で全国の694個所に配置された。KiK－netの「一関西（いちのせきにし）」観測点で4022ガルの地震加速度を記録したのは、新型のKiK－net 06型強震計の配備により、最

大計測レンジが2000ガルから4000ガルに引き上げられた、わずか数か月後に得られたものである。

以上の功刀・他（2009）の論文を読むと、「既往最大」の4,022ガルに達する地震加速度が防災科技研の「一関西」観測点で観測された2008年6月14日の数か月前までは、同観測点の加速度計（強震計）は2,000ガルまでしか測定できなかったということがわかった。もっと早くから「最大計測レンジ：4000ガル」の計器が「一関西」だけでなく、各地に配置されていたならば、4000ガルに達する地震加速度が別の地震の際に他の観測点で見出された可能性も十分考えられるのではなかろうか。

また、「一関西」で観測された4022ガルという地震加速度は、新型強震計の最大計測レンジ（4000ガル）のほぼ上限に達する値であった。このことは、今後5000ガル以上のレンジまで測れる強震計が使用されるようになれば、「既往最大」の4022ガルを超える地震加速度が見つかる可能性も考えなければならない。

さらに、防災科技研の加速度計は水平距離で約20km間隔の三角網を目安として全国に1000点以上が配置されている。これが2km間隔で配置される日が来て、もっと密に正確な地震加速度が測定されるようになれば、1984年長野県西部地震の際にピンポイントで見つかった飛び石現象のように、地球の重力加速度の10倍を超えるかもしれない地震加速度が見つかる可能性もでてくるであろう。そうなると、原子力規制委員会の現在の「新規制基準」は、まったく意味をもたないものになる。

わが国に起こりうる地震の規模について、関電側準備書面（3）

には、若狭湾の原発群にも大きな影響を及ぼす内陸の地殻内断層地震の最大のものとしては、1891 年の濃尾地震（M8.0）が知られているが、若狭湾周辺の断層型地震は M7 級どまりであると考えて、原発の安全設備を考えていると書かれている。しかし、本書の第 1 章で述べたように、関電が準拠している日本付近の主な被害地震の分布図（図 5）は、わが国の気象台に地震計が配置され、地震波形の観測データが残されるようになった明治 18（1885）年以降の高々 130 年の記録である。1000 年オーダーで考えたとき、高々 130 年のデータから求められた最大マグニチュード（M8.0）を超える内陸の断層型地震は起こらないと断言できるであろうか？　万一それを超える地震が起きたら関電は、「それは想定外でした」と言って済ませるであろう。しかし、それを国民が許せるかどうかは疑問に思う。

(4) 若狭湾の地殻内断層地震は短周期成分が卓越するか？

2015年12月19日に開かれた大飯原発差止京都訴訟の世話人会で、原告団の世話人である赤松純平博士からおもしろい話を聞いた。若狭湾の地殻内断層地震は短周期成分が卓越するのではないかというものである。その内容は、「1985年若狭湾沿岸で発生した地震（敦賀での震度3の弱震）による大飯原子力発電所1号機の自動停止について（赤松純平）」としてまとめられ、2016年1月12日に大飯原発差止京都訴訟の原告側書証のなかの甲第234号証として、京都地裁に提出された。これは、下記から閲覧することができる（http://nonukes-kyoto.net/wp/wp-content/uploads/2016/01/kou234.pdf)。この書証に書かれていることの背景を含めて、簡単に紹介しておこう。

赤松博士の話によれば、1985年11月27日の京都新聞夕刊に、「朝の京、震度3、北陸線など遅れ」の見出しで、若狭湾沿岸で同日9時2分頃に発生した地震により、京都、舞鶴、豊岡、奈良、敦賀で震度3の揺れを観測し、北陸線の特急が1時間程度遅れたことを報じられた。さらに、その下に1段組みで「地震で？大飯原発止まる1号機タービン」という見出しで次の記事があったという。「福井県原子力安全対策課に入った連絡によると、若狭湾を震源地とする27日朝の地震（敦賀震度3）で、福井県大飯郡大飯町の関西電力大飯原子力発電所1号機（加圧水型軽水炉、117.5万キロワット）のタービンが止まり、原子炉が自動停止した。同1号機は地震計が160ガル（地震加速度）を記録すると自動的に原子炉が停止する仕組みになっているが、今回の地震では同地震計は160

ガルを越えておらず、地震以外の原因もありうるとして、同電力で調べている」。

この記事に出てくる1985年11月27日に若狭湾で起こった地震は、大飯原発のおよそ12km北東で発生した。地震時に大飯原発を自動停止させるよう設定された地震加速度は、160ガルであり、当時の震度階級では震度5の強震（80～250ガル）に相当する。震度3の弱震（8～25ガル）の低レベルの地震動で、止まるはずのない大飯原発1号機が停止したのはどんな理由によるのであろうか？　赤松博士はその可能性の1つとして、若狭湾で発生する地殻内断層地震が、他の地域で起こる地震に比べて、高周波（短周期）成分が卓越していることがあげられるのではないかと考えた。そして、京大防災研で得られた観測データに基づいて検討を進めた。

この地域に発生する地殻内断層地震の特徴として、地震動の高周波成分の卓越が確認されれば、これによる原発構成部材の部分共振などによる部材の破損やシステムの誤作動なども問題になるであろう。他にどのような原因があるにしろ、また暴走したのではなく、停止したのであったとしても、高々震度3の弱震で、システム設計以外の、いわば想定外の事象が起こるのは、大飯原発が地震に対して決して安全とは言えないことになる。

京大防災研の炭山地震観測室は、京都府宇治市炭山乾谷にあり、京都盆地東南部に隣接する醍醐山系の基盤を構成すると考えられる古成層の露頭上に設置された。赤松博士らは、ここに固有周期1秒の速度型地震計（上下・南北・東西の3成分）を1976年に設置したほか、1981年には強震動地震観測装置を導入して、長期間の地震観測を実施してきた。得られた観測データのなかで、赤松博士がとくに興味をもったのが 1985 年 11 月 27 日に若狭湾東部で発生した地殻内断層地震である。この地震は、炭山観測室までの震央距離が 79km もあったにも関わらず、高周波成分が顕著に卓越しているということである。そこで、この若狭湾東部の地震と、これより 2 か月近く前の 1985 年 10 月 3 日に滋賀県北西部に発生した地震の際に炭山観測室で得られた地震の 2 つの地震波形と比較してみた。

2 つの地震の規模は表 3 に示すようにほぼ同じであり、また、図 31A に示すように、ほぼ同じ方向から炭山観測室に到来した。なお、滋賀県北西部の地震の場合の震央距離は 30km であった。一般に、地震規模が同じであれば、震央距離が長くなるほど短周期成分は減衰する。しかし、炭山観測室で観測された 2 つの地震の場合は、そうではなかった。

表 3 は、気象庁の「地震月報」より抜きだした 2 つの地震の震源情報である。2 つの地震の規模は、1985 年発行の「地震月報」にはどちらも M5.1 と書かれていた。しかし、赤松博士が調べてくれた情報によると、気象庁の「地震月報」は、2003（平成 15）年 9 月に計算方法が改訂され、それ以前の地震についても再計算して HP の地震月報（カタログ編）に改訂値が掲載されているという。そこで、下記の表では改訂版「地震月報」の数値を使っている。ここで、M(1) は変位マグニチュード、M(2) は改訂後に表示されるようになった速度マグニチュードである。

表 3　炭山観測所で観測された ID 番号 0058 と 0054 の地震の震源情報

ID 番号	発震時（年 . 月 . 日 . 分）	緯度	経度	M(1)	M(2)	深さ
0058	1985.11.27.09.01	35° 36.9'	135° 44.8'	5.3	5.2	11.1km
0054	1985.10.03.20.57	35° 10.9'	135° 51.5'	5.2	5.2	8.3km

図31には、炭山観測所の速度型地震計で得られたID番号0058と0054の2つの地震の地震波形が比較して示されている。この図のAは、2つの地震の震央位置（●）、炭山観測室（△）の位置とともに、大飯原発と高浜原発の位置（■）を示す。また同図BとCは、それぞれ、炭山観測所で得られた0058と0054の地震の際の水平動T成分の速度波形を示す。ここでT成分とはトランスバース成分のことで、これは震央と観測点を結ぶ方向と90度ずれた方向の水平成分である。これに対して震央と観測点を結ぶ方向の成分をラディアル成分（R成分）と呼ぶ。T成分とR成分は、南北及び東西方向の水平2成分の地震計記録から、簡単に変換できる。P波に比べてS波の方が一般に振幅が大きい。また、S波はR成分よりもT成分の方が大きくなることが多い。水平動T成分を比較した図31において、Bの0058の最大振幅は0.063cm/s、Cの0054の最大振幅は0.184cm/sであった。

ここまでの議論は、地震波動に関する専門知識のない人でも、図31の地震波形を比較することにより、理解していただけると思う。つまり、地震規模が同じで、ほぼ同じ方向から到来したにもかかわ

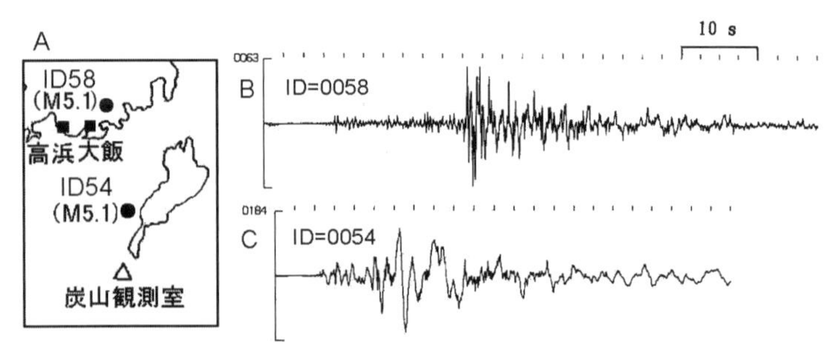

図31　炭山観測所で観測された0058と0054の地震波形の比較

らず、遠い若狭湾の地震の方が近い琵琶湖西岸の地震よりも高周波成分が卓越していることである。

次に、この違いを量的に吟味するために、加速度、速度の応答スペクトルを求めた。応答スペクトルを求めるプロセスは、地震波動に関する専門知識のない人には理解が難しいかも知れないし、その扱いの細部については専門家でも意見が違うところもある。そこで、途中はとばしても、最後の赤松博士の「高周波成分が卓越する若狭湾の地震の震源域に近い大飯原発は、地震に対して安全とは決して

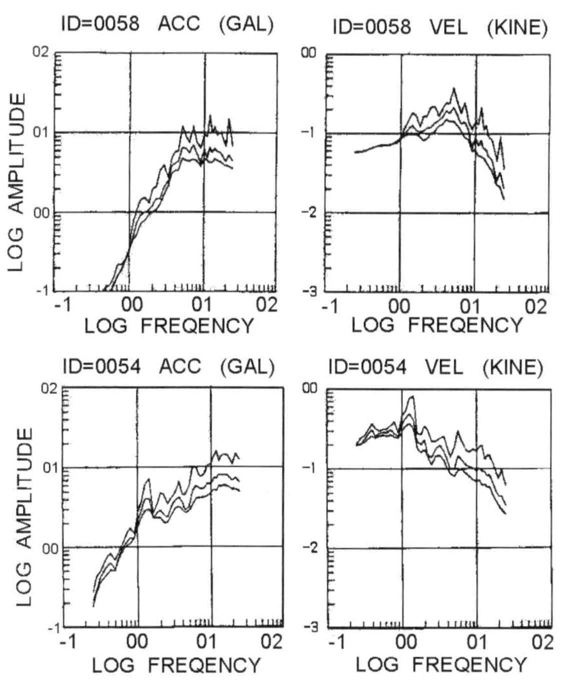

図 32 炭山地震観測室で観測された若狭湾の地震 (ID0058) と琵琶湖西岸の地震 (ID0054) の加速度及び速度の応答スペクトルの比較

言えない」という主張を理解していただきたい。

図 32 は、上側に若狭湾の地震 (ID0058) と下側に琵琶湖西岸の地震 (ID0054) の場合の加速度及び速度の応答スペクトルを示したものである。それぞれの左側が加速度、右側が速度成分である。各図には、3 本の曲線が示されているが、上から減衰係数を 1、5、10%の場合を示す。縦軸が振幅、横軸が周波数であるが、それぞれは対数目盛（LOG）で表示されている。なお、応答スペクトルを求めるのに使用したデータは、図 31 に示した水平動 T 成分の速度記録である。図 32 の右側に示した速度応答スペクトルを比較すると、卓越周波数は、若狭湾の地震で 5 ～ 6Hz[※4]、琵琶湖西岸の地震で 1.3Hz であり、その差異は顕著である。また、スペクトルの振幅値は、5Hz 以上の高い周波数域で同程度か若狭湾の地震の方が大きい。地震波動は震源から遠いほど振幅が減衰（距離減衰）するから、震央距離が 2.6 倍も大きい若狭湾の地震は、琵琶湖西岸の地震に比して、震源域で高周波成分が 6 ～ 9 倍も大きかったことになる。このことから、若狭湾の地震の応力降下量が顕著に大きかったことが示唆される。

残念ながら、炭山観測所の地震データベースに若狭湾の中規模地震は、ここに紹介した 1 例しかなかった。そこで、若狭湾の地震は高周波成分が卓越しているという観測例を増やすことが重要であると考えられる。そのためには、国の国立大学や気象庁、防災科研、海洋研究開発機構などで得られた地震観測データを共有する全国地震観測データ流通ネットワーク「JDXnet」の運用も始まっている

※4　Hz とは、1 秒間あたりの振動回数を表す周波数の単位である。

ので、これらのデータの活用を考える必要がある。

なお、金森博雄博士は、M7 以上の大地震について、日本海周辺の地震の応力降下量が南海トラフ沿いの地震よりも平均して 3 倍程度大きいと指摘している（Kanamori, 1973）。すなわち、若狭湾地域で発生する大～中規模地震は、他地域の地震よりも高周波成分が大きいということである。

関電は、基準地震動の策定にあたって、「震源特性」や、地震波の「伝播特性」及び「地盤の増幅特性（サイト特性）」を、地域性を踏まえて詳細に考慮すると主張しているが、具体的な数値計算で用いたハイブリッド合成法では、短周期側は要素断層に対応する地震動として、既往の地震観測記録を統計処理して作成した人工的な時刻歴波形を採用しているため、震源特性としては、日本国内の平均的な観測波形を用いていることになる。若狭湾地域の短周期（高周波）成分が卓越するという地域性を踏まえて検討し直す必要があるのではないか。そうなると、関電が計算して策定した基準地震動は、「原子力発電所の耐震安全性を確保ないし確認するための基準」とはなり得ず、大飯原発は地震に対して安全とは決して言えないことになる。

(5)「新規制基準」は原発の安全性を確保するものか？

関電側の準備書面 (3) の第 6 章 結語は、以下の言葉で結ばれている。

本件発電所の「安全上重要な設備」は，全て基準地震動に対する耐震安全性を備えるようにしており、また、実際には、「安全上重要な設備」の耐震性は、基準地震動に対して余裕を有することになるので、万一、本件発電所敷地に基準地震動を超える地震動が到来することがあっても、「安全上重要な設備」が直ちに機能喪失し、本件発電所が危険な状態に陥ることにはならない。

以上より，本件発電所の地震に対する安全性は確保されており，地震に起因して，原告らの人格権を侵害する具体的危険性が生じることはない。

つまり、関電は、古くは昭和 56（1981）年の原子力安全委員会の指針、最近では東北地方太平洋沖地震後の原子力規制委員会の「新規制基準」に照らして厳密な「現状評価」を行い、「耐震設計については、安全上重大な問題があるものではない」と結論付けている。このように、関電は内閣府原子力委員会の指針を忠実に守り、余裕をもって対策を講じてきたのだから、「原告らが主張するような人格権を侵害する具体的危険性が生じることはない」と、言いきっている。しかし、原子力規制委員会の「新規制基準」が原子力発電所の安全性を確保するものではないということになると、関電側の主張は根底から崩れることになる。

2015 年 2 月 12 日に原子力規制委員会の田中俊一委員長は、九州電力川内原発1､2号機（鹿児島県）と関西電力高浜3､4号機（福井県）が新規制基準に基づく審査に合格したと発表した。そして同年2月18日の記者会見で、同委員長は、「（原子力施設が立地する）地元は絶対安全、安全神話を信じたい意識があったが、そういうものは卒業しないといけない」と述べたという。さらに、「運転に当たり求めてきたレベルの安全性を確認した」が「絶対安全とは言わない」と繰り返し説明したそうだ。確かに､原子力規制委員会のホームページを見ると、新規制基準は「原子力施設の設置や運転等の可否を判断するためのもの」で、「絶対的な安全性を確保するものではない」と書かれている。つまり原子力規制委員会は、「安全審査」を行う機関ではなく「適合性審査」を行うものである。広く国民一般が納得できる「安全審査」をこの規制委員会に求めることは、無理なようである。

その後、2015年4月に出された2つの地裁の原発再稼働差止仮処分判決で、4月14日に福井地裁で樋口英明裁判官は、「高浜3、4号機の原子炉を運転してはならない」という決定を下した。一方、同年4月22日に鹿児島地裁では前田郁勝裁判長から「川内原発1、2号機再稼働稼働等差止仮処分の申立には理由がない」として却下が言い渡された。この2つの地裁の判断の違いは、裁判官の原子力規制委員会の新規制基準に対する認識の差を表している。どちらの地裁の判断も、1992年10月29日の伊方原発訴訟の最高裁判断を踏まえているが、結果は180度違う方向を向いている。

高浜原発仮処分に関する福井地裁の樋口裁判長の見解では､「万一の事故に備えなければならない原子力発電所の基準地震動を地震の平均像を基に策定することに合理性は見いだし難いから、基準地震動はその実績のみならず理論面でも信頼性を失っていることになる」と述べたうえで、「新規制基準は、穏やかにすぎ、これに適合しても本件原発の安全性は確保されていない」と断じている。この見解は、大飯原発差止京都訴訟において、われわれ原告側が述べてきた主張と軌を一にするものである。

これに対して、川内原発仮処分に関する鹿児島地裁の前田裁判長の見解は、「新規制基準は、(中略)、専門的知識を有する原子力規制委員会によって策定されたものであり、その策定に至るまでの調査審議や判断過程に看過し難い過誤や欠落があるとは認められないから、(中略)、その内容に不合理な点は認められない」として、原子力規制委員会が新規制基準に基づき合格と認めた川内原発 1, 2 号機の再稼働に、裁判所が独自の立場から判断を下すことは不適切であるということで申立を却下した。これは、1992 年の伊方原発訴訟の最高裁判断の一部をそのまま踏襲していて、担当裁判官としては、原子力規制委員会の新規制基準が原発の安全性を確保するものかどうかについては、何も判断しなかったということを示している。

2015 年 4 月 20 日に和歌山県の仁坂吉伸知事が記者会見で、関西電力高浜原発（3, 4 号機）の再稼働差し止めを命じた福井地裁の仮処分決定について、「判断がおかしい」と批判したと報道された。同知事は、樋口裁判長について「(原発の）技術について、そんなに知っているはずがない。裁判長はある意味で謙虚でなければならない」とも強調したという。樋口裁判官の 2014 年 5 月 21 日の大飯原発 3、4 号機運転差止訴訟の判決主文と 2015 年 4 月 14 日の高浜原発 3、4 号機運転差止の仮処分決定の本文を丹念に読むと、文系出身の人なのに原発問題を実によく勉強していることがわかる。同じ文系出身の仁坂和歌山県知事よりも、樋口裁判官の方が原発問題に関してずっと深く考察している。「そんなに知っているはずがない。もっと謙虚になれ」という言葉は、そっくり仁坂知事に返したい。

2015年4月14日の福井地裁における仮処分決定に対して、同年4月17日に関電が、福井地裁に対して、異議申立と執行停止申立を行った。仮処分決定をした樋口英明裁判長は既に4月の異動で名古屋家裁に左遷されたので、その後、即時抗告を担当した裁判長は、同年4月1日付で福岡地家裁判事・福岡簡裁判事から福井地家裁部総括判事・福井簡裁判事に転じた林潤裁判官であった。林潤裁判官は、1997年4月に東京地裁判事補に着任したのち、1999年4月から2001年7月まで最高裁民事局付（東京地裁判事補）を務めている。また陪席の2名の裁判官のうち、山口敦士裁判官は、2001年10月に東京地裁判事補に着任した後、2007年1月から2007年5月まで最高裁民事局付（東京地裁判事補）。もう1人の中村修輔裁判官は、2005年10月に大阪地裁判事補に着任したのち、2012年4月から2014年3月まで最高裁総務局付（東京地裁判事補・東京簡裁判事）であった。このように、樋口裁判長の後任として、福井地裁の異議審を担当した林潤裁判長をはじめ、陪席の山口敦士・中村修輔両裁判官は最高裁勤務を経験したエリート裁判官であり、この裁判にかける最高裁の並々ならぬ意気込みが伝わってくる。このような布陣で最高裁が臨んだ異議審であったから、その落着き先は、予め予測されていたともいえる。

案の定、2015年12月24日に福井地裁で、林潤裁判長は、高浜3、

4 号機の再稼働を認める異議審決定を言い渡した。林裁判長は、まず、4 月の差し止め決定で樋口英明裁判長（当時）が「緩やかすぎる」と指摘した新規制基準の妥当性を改めて検討したが、基準地震動の策定にあたり、最新の科学・技術的知見を踏まえ、評価することが求められるとした上で、「規制委では、中立公正な個別的かつ具体的に審査する枠組みが採用されている。また、関電は、詳細な地盤構造などを調査した上で、国際水準に照らしても保守的に評価している。本件原発の基準地震動が新規制基準に適合するとした規制委の判断に不合理な点はない」と主張している。このときに林裁判長は、関電大飯原発 3、4 号機の再稼働差し止めを求めた仮処分申請については、申立を却下した。これは、大飯は規制委員会が審査中で、再稼働が差し迫った状況にはないと判断した逃げの判決である。なお、福井地裁で行われた仮処分でない通常の裁判の「大飯原発 3、4 号機差し止め請求」で、樋口英明裁判長は、2014 年 5 月 21 日に運転差し止めの判決を出したが、これも関電側が控訴して確定せず、その後、名古屋高裁金沢支部で控訴審が行われている状況である。

2015 年 12 月 24 日の福井地裁における異議審の決定は、専門的知識を有する国の原子力規制委員会が安全と認めたものだから、司法が口を挟む性質のものではないというエリート裁判官の判断であったのであろう。残念ながら、新規制基準が原発の安全性を確保するものかどうかについて、裁判長自身の独自の見解は聞けなかった。2011 年 3 月 11 日の福島第一原発の過酷事故を経験する前ならともかく、このような原発事故を経験した裁判官は、一人の日本人として、ひとたび原発事故が起きればどのような事態になるか、また、福島第一原発の事故が例外中の例外ではなく、地震大国日本の全ての原発が同じような危険性をはらんでいることに思いを馳せ、原子力規制委員会の新規制基準について、裁判官自身の見解を肉声で述べてほしいと願っていたが、やはりそれは無理であった。

2011年10月7日号の「週刊金曜日」に「原発事故を招いた裁判官の罪」という記事が載っている。それによれば、最高裁の意に沿うように振舞っていれば、裁判官を辞めた後も、天下りというご褒美があるということらしい。今回、樋口裁判長とは真逆に、原発容認の決定を下した福井地裁の3人の裁判官がそのようなことを考えていたとは考えられないが、高浜原発の3、4号機の再稼働をめぐっては、異議審決定の2日前の2015年11月22日に福井県の西川一誠知事が再稼働に同意し、地元同意手続きは終了している。広域避難の問題など、高浜原発再稼働に関して問題は山積みされているのもかかわらずである。さらに、同日に関電は、11月25日にも3号機に燃料を装荷し、2016年1月下旬に再稼働、4号機は同年1月下旬に燃料装荷､同2月下旬に再稼働の工程を示している。

このことは､異議審決定前に安倍政権はその結末を把握しており、その内容が福井県や関電に漏らされていたと憶測されても仕方ないと思う。その後､関電は､12月26日に高浜原発再稼働の目途が立ったことから、2016年春から電気料金を値下げする方針を示している。この辺りに政府と原発企業の利益共同体との阿吽の呼吸を見ることができる。このように原発再稼働容認に向けての包囲網が強化されつつあるが、国民はこれに対して原発再稼働反対の声をもっと大きくあげなければならない。

このような状況下で、大飯原発差止京都訴訟の原告側弁護団は、

2016年1月12日に原告側第16準備書面「被告関電準備書面(3)(地震）に対する反論（2)」を提出し、翌日の1月13日の第9回口頭弁論で、基準地震動が地震動の「標準的・平均的な姿」を基礎としており、自然現象で一般に見られるバラツキの幅を考慮していないことは、原発の安全性を確保するものではないと鋭く追及した。

原告側第16準備書面の最後は、「裁判所の役割が求められている」と題して、以下のように結ばれている。「原発の耐震設計における『当たり前』過ぎる問題を、事業者、国、裁判所が一体となって、あえて無視してこれまで原発の運転はなされてきた。しかし、自然は、容赦なく、巨大な現象として立ち現われ、原子炉を破壊に導く。基準地震動を超える地震動を本件原発に与えたときに、本件原発がその地震動に耐えられる保証はない。そのときには、本件原子炉は、新規制基準も認める「大規模損壊」となって、多量の放射性物質を環境中に一気に放出する。日本の破滅すらもたらしかねない本件原発の稼働を阻止するのは、まさしく本裁判に与えられた任務である」。

地震大国日本において、原発稼働がいかに無理スジかは、本章で主張してきたが、約5年前の福島第一原発の事故の高濃度汚染水の問題がいまだに解決していないことや、事故による避難者への補償問題も解決には程遠い。さらに増え続ける高濃度放射性廃棄物の最終処分の方針も決まっていない。こんな状況で、原発再稼働を許すことは、子や孫の世代に大きな負債を残すことになる。原発依存から脱却することは、われわれの世代に課せられた責務であると言える。

本稿をここまで執筆中の2016年3月9日にビッグニュースが飛び込んできた。大津地裁の山本善彦裁判長が、滋賀県の住民29人が高浜原発 3、4 号機の運転差止を求めた仮処分申請で、2 基の原発の運転差止を命ずる司法判断を下したというものである。これは、原子力規制委員会の新規制基準の審査に合格して再稼働中の原発に対して、運転差止を命じた初めての判断であった。

大津地裁における仮処分請求に関しては、2014 年 11 月 27 日に山本裁判長が、関電の安全対策には不備があることを認めたうえで、「規制委員会がいたずらに早急に、新規制基準に適合すると判断して再稼働を容認するとは到底考えがたく、上記特段の事情が存するとはいえない」という理由で申立を却下していた。同年 12 月に規制委員会が「高浜原発 3、4 号機は安全審査に合格」という方針を示したのを受けて、地元住民が 2015 年 1 月に同地裁に運転停止の仮処分を再度求めていたものである。今回の仮処分申請も同じ山本裁判長が担当したが、規制委員会がゴーサインを出した後に、この裁判長がどんな決定をするかが注目されていた。非公開で開かれてきた審尋では、耐震設計の目安となる新規制基準の妥当性や、避難計画の実効性などが争点だったという。

住民側は「基準地震動は想定される最大の揺れとはいえず、避難計画が適正かどうかの審査もされていない」などと主張し、過酷事故が発生した場合には住民が被曝し、「人格権が侵害される」と訴えた。関電側は「最新の知見を踏まえて安全対策を講じており、放射性物質を異常に放出するような事態の発生は確実に防止できる」などと反論していた。

2016 年 3 月 9 日付の大津地裁高浜 3、4 号機運転禁止仮処分申立事件申立人団・弁護団一同の声明の一部を以下に引用しておく。

「危険なプルサーマル発電が行われている高浜原発で過酷事故が生

じれば、近畿1400万人の水甕である琵琶湖が汚染され、日本人の誇りである千年の都京都を放棄しなければならない事態すら想定される。市民がこの政治の暴走を止めるためには、司法の力に依拠するしかなかった。そして、本日、大津地裁は、福島原発事故の原因を津波と決めつけ再稼働に邁進しようとする関西電力の姿勢に疑問を示し、避難計画を審査しない新規制基準の合理性を否定し、避難計画を基準に取り込むことは国家の『信義則上の義務』であると明確に述べるなど、公平、冷静に賢明な判断を示した。担当した裁判官３名に対し、深い敬意を表する」。

この大津地裁の高浜原発３・４号機の仮処分決定をめぐる新聞報道のなかで、３月10日付の読売新聞に「高浜差し止め・判例を逸脱した不合理な決定」という他社と一風変わった「社説」が目を惹く。これは、本書の第５章第１節の「わが国で原子力発電が行われるようになった経緯に関して」で述べたこととつながっているように思う。つまり、1954年に第五福竜丸事件をきっかけに盛り上がった反原子力の世論を鎮静化するために、当時の読売新聞の正力松太郎社長を中心として、原子力の平和利用を推進するキャンペーンを張ったのと、少しも変わっていないのではないか。

５年前の福島第一原発の過酷事故以来、原発訴訟で原告側勝利の判断を下したのは、福井地裁の樋口英明裁判官、ただ１人だけで、何とか他にも最高裁の圧力に屈しない裁判官に出てきてほしいと願っていた。そして今回、2016年３月９日に２人目の裁判長に出会うことができた。いま、大飯原発差止京都訴訟をはじめ、全国で原発差止訴訟が行われている。そのなかから、原告側の主張を認める３人目の裁判長が１日も早く出てくることを願っている。

3．原発と津波

（1）福島第一原発の津波被害

2011 年 3 月 11 日午後 2 時 46 分に三陸沖の海底を震源として東北地方太平洋沖地震（Mw9.0）が発生した。この地震に伴う地震動と津波により、東京電力株式会社（以下東電と略記）の福島第一原子力発電所（以下原子力発電所は原発と略記）は壊滅的な被害を被った。地震発生当時、福島第一原発では 1 ～ 3 号機が稼働中で、4 号機は分解点検中、5 ～ 6 号機は定期検査中で停止していた。稼働中の 1 ～ 3 号機は、地震直後に自動的に制御棒が挿入され、緊急停止した。

東電のホームページからたどれる「事故の状況説明：福島第一原発を襲った地震及び津波の規模と浸水状況」（http://www.tepco.co.jp/nu/fukushima-np/outline/2_2-j.html）によれば、「地震動により送受電設備等、一部の常用設備への被害は生じたが、非常用ディーゼル発電機や注水・除熱のための設備といった安全上重要な設備への損傷は確認されなかった。しかし、地震発生から約 50 分後に大きな津波の直撃を受け、海側に設置された原子炉の熱を海に逃がすためのポンプなどの屋外設備が破損するとともに、原子炉が設置されている敷地のほぼ全域が津波によって水浸しになった。また、タービン建屋などの内部に浸水し、電源設備が使えなくなったため、原子炉への注水や状態監視などの安全上重要な機能を失ったほか、津波によって押し流された瓦礫が散乱し通行の妨げとなるなど、様々な被害を受けた」と書かれている。

東電の清水正孝社長（当時）は、事故の 2 日後の 2011 年 3 月

13日午後8時過ぎから記者会見で、「放射性物質の漏えいや原子炉のトラブルが相次ぎ、避難勧告が出ている地域をはじめ、社会の皆様に大変なご心配とご迷惑をかけ、心よりお詫びしたい」と述べたうえで、「施設は地震の揺れに対しては正常に停止したが、津波の影響が大きかった。津波の規模は、これまでの想定を超えるものだった」と話した。つまり、「地震の揺れは想定内、津波の規模は想定外」と説明した。この東電社長の記者会見のあと、「想定外」という言葉が、揶揄を込めて世のなかに流行したが、東電はその後も一貫してこの見解を変えていない。

よく知られているように、福島第一原発の事故後、下記に示す4つの事故調査委員会が発足した。

・国会事故調（東京電力福島原子力発電所事故調査委員会）
　委員長　　黒川清／元日本学術会議会長
・政府事故調（東京電力福島原子力発電所における事故調査・検証委員会）
　委員長　　畑村洋太郎／東京大学名誉教授
・民間事故調（福島原発事故独立検証委員会）
　委員長　　北澤宏一／前科学技術振興機構理事長
・東電事故調（福島原子力事故調査委員会）
　委員長　　山崎雅男／東電代表取締役副社長（当時）

この4つの事故調は、いずれも2012年中に報告書を提出している。それを受けて、2013年1月に日本科学技術ジャーナリスト会議による「4つの『原発事故調』を比較・検証する」（水曜社）が出版された。この本にも書かれているが、4つの事故調のなかでは国会事故調のみが、福島第一原発の事故の主因を津波のみに限定すべきではなく、地震による配管損傷の可能性も否定できないと述べている。その理由は、波が高かった津波第２波の到達時刻を、東電は当日の午後３時35分としているが、これは、図33に示すように、福島第一原発から1.5km離れた沖合で観測されたものである。そして、１号機の非常用ディーゼル電源まで届いたのはその２分以上後の午後３時37分以降だったことが、国会事故調の綿密な調査に基づいて、残された写真などから突きとめられたからである。

つまり、２台ある非常用電源のうちの１台（A系統）は、運転員の聞き取り調査や原発の運転日誌によれば、津波到達前の午後３時35～36分に機能喪失にいたったということである。この間の詳しい経緯については、元国会事故調協力調査員の伊東良徳弁護士による「再論　福島第一原発１号機の全交流電源喪失は津波によるものではない」（科学、岩波書店、2014、第84巻、第３号）に述べられている。

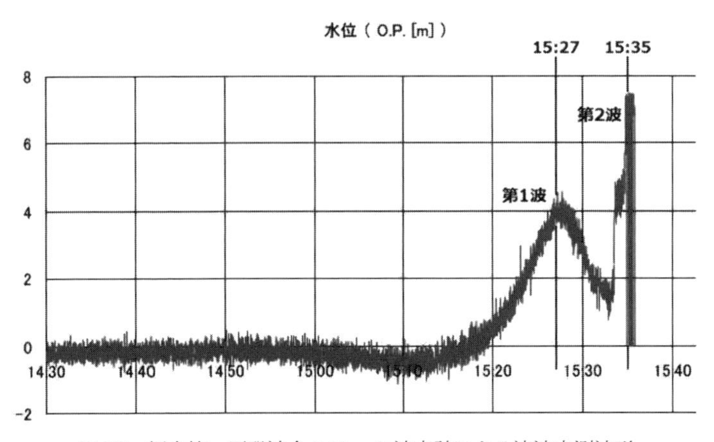

図33　福島第一原発沖合1.5kmの波高計による津波実測波形
（国会事故調報告書参考資料62ページより引用）

さらに、4つの事故調の調査結果の比較について、国立国会図書館の調査と情報（ISSUE BRIE）756号「福島第一原発事故と4つの事故調査委員会」（2012）には、各事故調に共通する事故前の対策の基本的認識として、以下のように述べられている。

> 津波、シビアアクシデント、複合災害等に対する事故前の対策において、政府（行政）と東電の双方に大きな問題があったことは、東電事故調以外の3つの報告書に共通している。東電事故調も、事故前の備えが結果として不十分であったことは認めている。さらに、事故の直接的原因は、今後の対策の策定にも大きな影響を持つ。被災設備の詳しい現地 調査は現状においては不可能であるため、地震動の影響を含めた事故の直接的原因の究明が重要な課題として残されていることは、全ての事故調報告に共通の認識である。

「地震の揺れは想定内、津波の規模は想定外」という東電の認識には多々疑問があり、事故前の備えが不十分だったことは、4つの事故調が認めていることであるが、以下、本節では東電の津波対策に限って、その対応を追ってみよう。

東電のホームページ（http://www.tepco.co.jp/nu/fukushima-np/outline/2_2-j.html）をもとに主要部分を作図した福島第一原発の敷地高と津波のイメージを図34に示してある。これによると、事故当時想定されていた津波の最高水位はO.P.（小名浜港工事基準面）＋6.1mだったのに対して、実際の浸水高は、1～4号機でO.P.＋11.5～15.5m、5～6号機でO.P.＋13.0～14.5mであった。

福島第一原発の敷地は、もともとほぼ平坦な丘陵（標高30～35m）であり、南北に延びる急峻な海食崖で太平洋に落ち込んでいた。事故直前の時点で6基あった沸騰型軽水炉（BWR）は、丘陵を約20m掘り下げて設置されていた。造成された敷地高は、大熊町側の1～4号機でO.P.＋10m、双葉町側の5～6号機でO.P.＋13mである。各号機ともに内陸側（西側）に原子炉建屋、海側（東側）にタービン建屋が配置され、原子炉建屋は、図34に示されるように、敷地から約13m下の泥岩に設置された。事故当時に東電が想定していた津波の最高水位が6.1mで、実際の浸水高が11.5～15.5mだったのは、本当に想定外であったのであろうか？

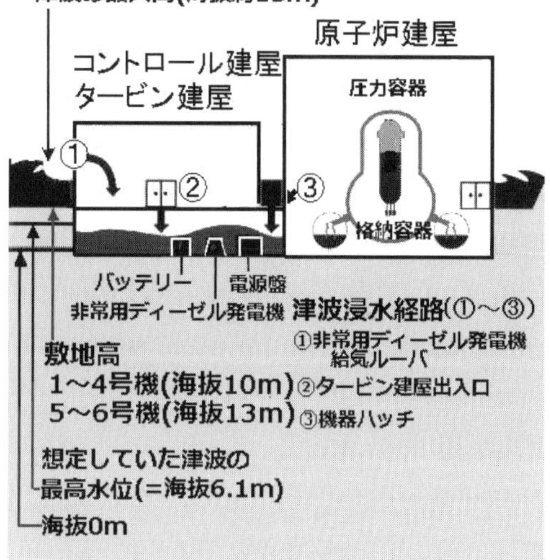

図34　福島第一発電所の敷地高と津波のイメージ（東京電力）

土木学会・原子力土木委員会のホームページから「原子力発電所の津波評価技術 (2002) 」（http://committees.jsce.or.jp/ceofnp/）が閲覧できる。これと、2011年10月19日に日本学術会議で開催された原子力総合シンポジウム2011で日本原子力学会副会長（当時）の澤田隆・三菱重工業（株）原子力事業本部原子力プラント技術総括部担当部長が発表した「東京電力福島第一原子力発電所事故の評価と今後の対応」（http://www.aesj.or.jp/information/symp2011/symp2011_2_sawada.pdf ）と題する講演なども参考にしつつ、福島第一原発の過酷事故に至るまでの東電側の津波対策について述べる。

東電は、1966 年 7 月に福島第一原発の設置許可申請書を掲出し、同年 11 月に許可された。申請の段階で、東電は 1960 年のチリ地震（M9.5）のときに小名浜港で観測された潮位の O.P. ＋ 3.122m を想定水位として、1 号機の設置許可を申請している。その後、資源エネルギー庁が 1993 年 10 月に津波安全性評価を指示したのに伴い、1994 年 3 月に 3.5m に改訂した。さらに東電は、2002 年 2 月に土木学会原子力土木委員会が「原子力発電所の津波評価技術」（http://committees.jsce.or.jp/ceofnp/node/5）を策定したのを参考にして、同年 3 月に福島県沖地震（M7.9、1938 年）を自主的に M8.0 と考えて設計津波水位を評価し、各号機の水位を 5.4m ～ 5.7m とした。

2006 年 1 ～ 7 月に原子力保安院と原子力安全基盤機構（JNES）が「溢水勉強会」を立ち上げ、米国原子力発電所の内部溢水に対する設計上の脆弱性の問題や 2004 年のスマトラ沖津波によるインド原子力発電所の海水ポンプ浸水などを踏まえた検討が行なわれたが、この勉強会に東電も電事連の一員としてオブザーバー参加した。2006 年 10 月に保安院から「津波については、保守性を有している土木学会手法による評価で良い（安全性は確保されている）。ただし、土木学会手法による評価を上回る場合、低い場所にある非常用海水ポンプについては、機能喪失し、炉心損傷となるため、津波（高波、引波）に対して余裕が少ないプラントは、具体的な対策を検討し対応してほしい」という要望が電事連にあった。これらの経緯を経て、東電は 2009 年 2 月に津波想定を「6.1m」に上げたものの、抜本的な津波対策には着手せず、同年 6 月に電力業界と関係が深い土木学会に津波評価のさらなる検討を委託しただけだった。しかも、検討の期限は「2012 年 3 月」となっており、それより 1 年前に、Mw9.0 の超巨大地震が発生した。

この間、産総研の岡村行信 活断層・地震研究センター長は、2009 年 6 月に総合資源エネルギー調査会原子力安全・保安部会で、869 年の貞観地震・津波により福島第一原発のある地域が壊滅的な被害を受けたと指摘し、安全対策の必要性を主張していた。その頃、東電は、「津波堆積物調査の結果、福島県南部では津波堆積物を確認できず、また、調査結果と試し計算に使用した波源モデル案で整合しない点があることが判明したことから、貞観津波の波源確定のためには、さらなる調査・研究が必要と考えた」（東電事故調報告書、2012）という先送りの対応であった。

以上述べたような東電の 1966 年 7 月から 2011 年 3 月にいたる福島第一原発の津波対策に関する対応に関して、前述の国立国会図書館の「調査と情報」756 号に書かれている 4 つの事故調査委員会の評価について見ておこう。

まず、国会事故調は、2002 年に政府の地震調査研究推進本部（以下推本と略記）の「三陸沖から房総沖にかけての地震活動の長期評価について」を基にした津波想定（O.P. +15.7m）や、岡村らによる貞観津波の事例（O.P. +9.2m）を東電が 2008 年から 2009 年には認知していながら対応を行っていなかったことや、想定を超える津波によって全電源喪失や海水ポンプ機能喪失による炉心損傷リスクがあることを、2006年の段階で、東電と保安院が認識していたこと等を問題点として指摘した。そのうえで、「新知見で従来の想定を超える津波の可能性が示された時点で、原子炉の安全に対して一義的な責任を負う事業者に求められるのは、堆積物調査等で科学的根拠をより明確にするために時間をかけたり、厳しい基準が採用されないように働きかけたりすることではなく、早急に対策を進めることであった」と述べている。さらに、国会事故調は、規制当局と事業者である東電の「逆転関係」により、必要な規制や安全対策が先送りされ、「地震にも津波にも耐えられる保証がない脆弱な状態」で、原子力発電所は東日本大震災を迎えたと推定し、このことを事故の根源的原因とした上で、「今回の事故は『自然災害』ではなく明らかに『人災』である」と断じている。

　また、政府事故調も、土木学会の「津波評価技術」の問題点（文献記録のない古い時代の津波が評価対象外となることを明記していない）や、想定以上の津波についての知見（貞観津波等）を東電が入手していた事実等を明らかにした。そして、2008年頃に東電内部でも、津波の想定を更に引き上げることが議論の対象となり、内部調査に加え、外部（土木学会等）への委託調査も行っていたものの、最終結論は2012年以降とされていたが、この検討は外部には公表されておらず、位置づけも、「念のため」とされていたことなどを指摘した。

　民間事故調も、2006年の耐震設計審査指針見直しの際に、津波の専門家が議論に参加せず、津波についての十分な検討が行われていなかったこと、想定高を上回る残余リスクが大きいことを事業者や規制側が認識していたこと等を指摘して、想定を上回る津波への対策を促す規制が必要であったとしている。また、河川の洪水に備えた欧州諸国の溢水対策規制を参考にしていれば、津波対策が改善した可能性にも言及している。多くの研究が津波の襲来を想定していたことから、「想定外」とする東電は、聞く耳を持たず、想定を間違っただけであると批判している。

一方、東電事故調は、①チリ地震津波による潮位（O.P. +3.122m）により「安全性は十分確保し得るものと認める」として設置許可を取得したこと（当時は過去の記録を参照して最も過酷と思われる自然力に対処）、②国からの指示を受けて、北海道南西沖地震津波を踏まえた安全性評価を実施して、その報告書は了承を受けていたこと（報告書は 1994 年）、③ 2002 年に、国内原子力発電所の標準的な津波評価方法として定着している土木学会の「津波評価技術」に基づく津波評価を実施し、国に報告し確認を受けたこと（対策も実施）、④さらに巨大な地震の想定や貞観津波の知見については、土木学会に審議を依頼している状況であったことを示して、今般の津波は想定を大きく超えるものとしている。

そんな流れのなかで、政府事故調は、2012 年 7 月に最終報告書をまとめるにあたり、福島第一の吉田昌郎（まさお）所長（故人）や菅直人首相など計 772 人から事情を聴取した。政府は、これらの聴取記録（調書）のうち、承諾が得られた関係者の分から順次公開してきたが、2014 年 12 月 25 日に新たに 127 人分の調書を公開した。これが 3 回目で、これまでに公開された調書は計 202 人分になった。

公開された調書のなかで、政府事故調事務局の松本 朗 局員による 2011 年 8 月 18 日付の「聴取結果書」は非常に説得力のある資料である。この「聴取結果書」から、当時の規制機関だった経済産業省原子力安全・保安院は、大津波が襲う可能性を認識しながら、組織内の原発推進派の圧力で、電力会社をきちんと指導しなかった実態が浮かんでくる。

松本局員が経済産業省原子力安全・保安院・耐震安全審査室の小林 勝 室長への聴取調査を行ったメモによると、聴取内務は「原子力・安全保安院による東電の想定津波波高の算出結果等の対応について」であり、保安院内部でも 2009 年ごろから、東日本大震災と同じクラスの貞観地震・津波（869 年）の危険性が問題になっていたことが明らかになった。以下、公開されている資料から、2011 年 8 月 18 日の小林 勝 室長の発言内容を下記に引用しておく。

> 地震については、森山審議官が貞観地震を検討した方が良いと言い始めたときに 初めて知った。福島第一原発 5 号機の中間評価が終わり、3 号機のプルサ―マルが問題になった 2009 年頃、福島県知事が、①耐震安全性、②プルサ―マルの燃料の健全性及び、③高経年化の 3 つの課題をクリアしない限りプルサ―マルは認められないと言っていた。当時の森山審議官は、貞観地震が議論になり始めていたことから、福島県知事の発言に係る①耐震安全性の検知から、貞観地震の問題をクリアした方がいいんじゃないかと言い始めた。私も森山審議官の考えに賛成だったが、結論として、3 号機のプルサ―マル稼働を急ぐため、×××（伏字）原案委に諮らなかった。私は、野口安全審査課長（当時）に対し、かような取扱いに異議を唱え、「安全委員会に×××（伏字）話をもっていって、炉の安全性について議論した方がよいのではないか」と言ったが、野口課長は

「その件は、安全委員会と手を握っているから、余計な事を言うな」と言った。また、当時の原広報課長から「あまり関わるとクビになるよ」と言われたことを覚えている。

当時、国策で使用済み核燃料を再処理した混合酸化物（MOX）燃料の利用が推進されており、保安院の幹部の中には、地震・津波対策より国策の推進を重視する体質があったようだ。東京新聞の取材によれば、2005年10月から2007年8月まで各地で開催された原子力安全・保安院のプルサーマル関連シンポジウムでは賛成派の動員要請などの「やらせ」に加わった事実もあるという。（TOKYO Web　2014年12月26日）(http://www.tokyo-np.co.jp/article/feature/nucerror/list/CK2014122602100013.html)

ここで2011年3月11日に起こった福島第一原発事故の8日前の3月3日に文部科学省で開かれた「日本海溝長期評価情報交換会」に参加した東電幹部からの説明を見ておこう。この会合には、東電から原子力設備管理部原子力耐震技術センターの土方勝一郎所長をはじめ3名が参加したが、ほかに東北電力から4名、日本原電から2名の関係者が出席している。東電からの発言として、以下のような記録が残されている。

（当社からの説明と要望事項）

・貞観地震のあったことは、複数の研究者が指摘しており、共通認識と考えている。

・しかしながら、貞観地震の波源モデルは未だ特定できていない。産総研の行谷氏も、昨年10月の日本地震学会において、波源モデルの確定には後2~3年かかると発言していた。

・また、貞観地震の位置で、繰り返し地震が発生しているかについての議論は為されていない状況にある。
・津波堆積物調査としては東北大、産総研の結果が公表されているが、当社も福島県内で調査を行い、今年5月の地球惑星科学連合大会に投稿済みである。産総研は茨城県でも調査中と聞いている。
・当社の検討では、貞観地震が繰り返し発生することを仮定すると、それによる隆起が想定されるが、周辺の中位段丘の分布、高度と矛盾するようである。隆起の話と、堆積物調査結果を踏まえた波源モデルについて、今年10月の日本地震学会への投稿を計画している。
・当社でも知見の収集に努めているし、科学を否定するつもりもないが、色眼鏡をつけた人が、地震本部の文章の一部を切り出して都合良く使うとかがある。意図と反する使われ方をすることが無いよう、文章の表現にご配慮頂きたい。
・以上を踏まえ、次の2点について要望した。

①　貞観地震の震源はまだ特定できていない、と読めるようにしていただきたい。

②　貞観地震が繰り返し発生しているかのようにも読めるので、表現を工夫して頂きたい。（これに対しては、文科省研究開発局地震・防災研究課の北川管理官から、「いずれも認識としては同じであるので、表現を検討したい」との発言があったとのことでる。）

この2011年3月11日の事故直前の東電の津波対策への認識の

甘さと、それ以前からの東電と監督官庁の癒着や関連学会とのなれあいを考えると、国会事故調などから指摘された「人災」という側面も否定できないと思う。既に述べたように、2002年に推本が「三陸沖から房総沖にかけての地震活動の長期評価について」（http://www.jishin.go.jp/main/chousa/kaikou_pdf/sanriku_boso.pdf）を発表したが、このなかで、福島第一原発の沖合海域を含む三陸沖から房総沖の日本海溝沿いで「M8級の津波地震が30年以内に20%の確率で起きる」との長期評価をまとめている。これをもとに、東電社内で事故の3年前に同原発を15.707mの津波が襲う可能性があるとの試算がなされ、2008年6月には経営陣に報告されていた。この指摘は、2015年3月13日に提出された東電株主代表訴訟の第11準備書面

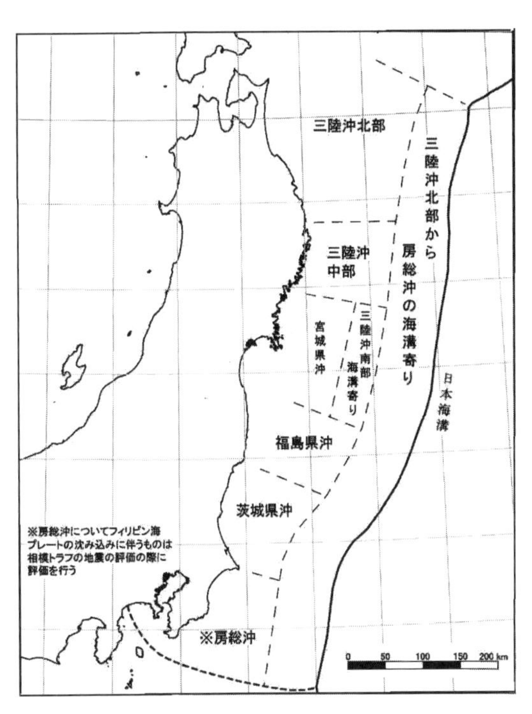

図35　三陸沖北部から房総沖の対象領域
（http://www.jishin.go.jp/main/chousa/02jul_sanriku2/f01.htm より引用）

（http://tepcodaihyososho.blog.fc2.com/category7-1.html）にある。それでも東電は、「15.7 メートル」について、「あくまで試算であり、設計上の想定を変更するものではなかった」と詭弁ともとれる釈明を続けてきたそうだ。

2002 年に「三陸沖から房総沖にかけての地震活動の長期評価について」をまとめたのは、推本の地震調査委員会（本藏義守委員長）であった。地震調査委員会は、阪神・淡路大震災のあとにできた地震調査研究推進本部のもとにある委員会で、事務局は文部科学省研究開発局地震・防災研究課である。

図 35 に、2002 年版「三陸沖から房総沖にかけての地震活動の長期評価について」で海溝型地震の長期評価の対象とされた三陸沖北部から房総沖の領域を示してある。推本の地震調査委員会は、この範囲を 8 つのブロック（三陸沖北部、三陸沖南部、宮城県沖、三陸沖南部海溝寄り、福島県沖、茨城県沖、房総沖、及び、三陸沖北部から房総沖の海溝寄り）に分けて、それぞれのブロックについて、M7 から M8 クラスの巨大地震がどのくらいの時間間隔で発生し、次の地震はいつ頃になる可能性が高いかを論じている。しかし、三陸沖北部から房総沖までの広域な範囲が一度に割れて、M9 クラスの超巨大地震の危険が迫っていることは、強調されていない。

その後、地震調査委員会は、東北地方太平洋沖地震が起きる 2 か月前の 2011 年 1 月 11 日に海溝型地震の長期評価の概要（算定基準日：2011 年 1 月 1 日）を公表した。そのなかの「2. 三陸沖から房総沖」のまとめを表 4 に示してある。

ここでも、三陸沖北部から房総沖の海溝寄りで Mt（津波マグニチュード）8.2 前後の地震が 30 年以内に 20％の確率で起きると書

表4　三陸沖から房総沖の海溝型地震の長期評価(算定基準日:2011年1月1日)
(海溝型地震の今後 10, 30, 50 年以内の地震発生確率)

領域または地震名			長期評価で予想した地震規模(マグニチュード)	地震発生確率 10年以内	地震発生確率 30年以内	地震発生確率 50年以内	地震後経過率	平均発生間隔(上段) / 最新発生時期(下段:ポアソン過程を適用したものを除く)
三陸沖から房総沖にかけての地震	三陸沖から房総沖の海溝寄り	津波地震	Mt8.2前後(Mtは津波の高さから求める地震の規模)	7%程度(2%程度)*	20%程度(6%程度)*	30%程度(9%程度)*	—	133.3年程度(530年程度)* *()は特定海域での値 / —
		正断層型	8.2前後	1%〜2%(0.3%〜0.6%)*	4%〜7%(1%〜2%)*	6%〜10%(2%〜3%)*	—	400年〜750年(1600年〜3000年)* *()は特定海域での値 / —
	三陸沖北部		8.0前後	ほぼ0%〜0.6%	0.5%〜10%	40%〜50%	0.44	約97.0年 / 42.6年前
		固有地震以外のプレート間地震	7.1〜7.6	60%程度	90%程度	—	—	11.3年程度 / —
	宮城県沖		7.5前後(連動8.0前後)	70%程度	99%	—	0.88	37.1年 / 32.6年前
	三陸沖南部海溝寄り		7.7前後(連動8.0前後)	40%程度	80%〜90%	90%〜98%	1.09	105年程度 / 113.4年前
	福島県沖		7.4前後(複数の地震が続発する)	2%程度以下	7%程度以下	10%程度以下	—	400年以上 / —
	茨城県沖		6.7〜7.2	0.07%〜2%	90%程度以上	—	0.13	21.2年程度 / 2.7年前

かれているが、とく注目を惹く書き方ではない。それよりも、三陸沖北部の固有地震以外のプレート間地震(M7.1 〜 7.6)が今後30年以内に90%の確率で起き、宮城県沖のM7.5前後と三陸沖南部海溝寄りのM7.7前後、これらが連動した場合のM8.0前後の地震が30年以内に80~90%の確率で起きるという方に目が行ってし

まう。いずれにせよ、表 4 に示されている 8 つのブロックのうち、どのブロックが先に動いたとしても、福島第一原発を 15m 超える津波が襲うと予測することは、難しかったであったであろう。

推本の「三陸沖から房総沖にかけての地震活動の長期評価について」は、地震後の 2011 年 11 月 25 日に第 2 版（http://www.bousaihaku.com/bousai_img/shiryodb/1004.pdf）に改められているが、第 2 版では、東北地方太平洋沖型の地震の特徴の 1 つである広い浸水をもたらす津波は、過去 2500 年間で 5 回発生していたと確認され、これらの津波をもたらした地震が繰り返し発生したとすると、その発生間隔は 400 年～ 800 年程度（平均 600 年程度）であると述べられている。

2009 ～ 2011 年度の 3 年間、国際高等研究所のプロジェクト研究の 1 つとして、「天地人－三才の世界：宇宙・地球と人間の関わりの新しいリテラシーの創造」（代表者：尾池和夫所長）が行われた。地震調査委員会の本藏義守委員長もそのメンバーの一人であり、2012 年 2 月 3 日の最終の講演会で、「海溝型巨大地震の長期予測及び地震・津波警報について」という講演をお願いした。その講演録は 2014 年にマニュアルハウス社から出版された「天地人－三才の世界」に収録されているので、興味のある読者はそちらを参照していただきたい。

この研究会のときに、地震調査委員会委員長の本藏義守東工大名誉教授に、2011 年 1 月 11 日というタイミングで表 4 の長期評価を出した事情を聞いてみた。すると、彼の答えは以下のようなものであった。

「今後 30 年程度のわが国の海溝型地震を考えたとき、東海・東南海・南海、これが第一級の問題。これによる災害を防ぎ切らないと日本経済、日本自体の存立が一時的に危うくなる。なぜならここに超巨大地震が起こると被害総額 100 兆円になるから、年間の予算に匹敵する。これを防ぎ切らないと日本は大変なことになるということが頭にあった。そこでこれを第 1 番目にもってきた。次に首都直下の地震も警戒しなければならない。しかし、2004 年暮にインドネシアのスマトラで M9 クラスの地震を経験しているのだから、東北地方も三陸沖から房総沖までが連動して動いて、超巨大地震が起きる可能性ももう少し強く書いておくべきだったと、今から思うと非常に残念である。」

以上が、本藏義守名誉教授が聞いた話であるが、元原子力規制委員会委員長代理の島崎邦彦東大名誉教授が 2011 年 5 月に書いた「超巨大地震、貞観の地震と長期評価」（科学、岩波書店、2011、第 81 巻、第 5 号）を読むと、次のように書かれている。「今回の災害に最も類似しているのが，869 年（貞観年間）に発生した貞観の津波災害と思われる。最近の研究により，その地震像が描かれつつあったが，これほどまで大規模な超巨大地震は予測できなかった」。

以上のように、いわゆる「原子力ムラ」からは距離をおく、第一級の地球科学者である本藏・島崎両名誉教授が、「今回の福島第一原発の津波被害は予測を超えていた」という言葉を残しているなかで、東電が 2008 年から 2009 年にかけて、15m を超える津波被害がありうることを社内で検討していたとすれば、それはそれで評価できる。しかし、現実の津波対策では想定高を 6.1m のままを変えずにいて、15m を超える津波被害を受けたことは、その対応に多いに問題があったと考えられる。

（2）日本海側の津波

海・陸のプレート境界に位置する太平洋側は、巨大地震や大津波を繰り返すが、日本海側は巨大地震が少なく、文献記録も豊富ではない。津波研究や痕跡調査も太平洋側が中心で、日本海側は防災面の対応が遅れてきた。一方、日本海中部地震（1983年、Mw7.7）や北海道南西沖地震（1993年、Mw7.7）の経験から、日本海側では地震規模が小さくても津波が高くなることも経験されている。そこで、国土交通省の水管理・国土保全局を事務局として、国土交通省のほか、内閣府、文科省も協力して、学識経験者からなる「日本海における大規模地震に関する調査検討会」（委員長：阿部勝征東大名誉教授）が設置され、2013年1月8日から2014年8月26日までに8回の調査検討会が開催された。そして2014年8月26日に、調査検討会から、日本海を震源とする地震が発生した場合に起きる津波について、北海道から長崎県の16都道府県173市町村で想定される高さと到達時間が初めて公表された。

本調査検討会の目的は、道府県による津波浸水想定の作成を支援し、将来起こりうる津波災害の防止・軽減のため、全国で活用可能な一般的な制度を創設し、ハード・ソフトの施策を組み合わせた「多重防御」による「津波防災地域づくり」を推進することをめざしたものである。

その背景として、日本海側では、過去にわたり津波を伴う巨大地震が度々発生しているものの、太平洋側で発生する海溝型地震のように同一場所で繰り返し発生が確認されるようなものではなく、また地震の規模も太平洋側に比べると小さいことから、発生メカニズムのモデル化が難しいとされてきた。そこで今回、歴史資料や、津波痕跡高、津波堆積物調査を収集・整理するとともに、「産業技術総合研究所（以下、産総研と略記）、海洋研究開発機構等による構造探査データ」及び「地震発生メカニズム等に関する最新の科学的知見」などを踏まえ、日本海側における津波の発生要因となる最大クラスの津波断層モデル（海底断層の位置、長さ、幅、傾斜角、すべり量等）が60断層について設定された。

これらの断層による津波規模を把握するため、各津波断層モデルに大すべり域の場所を変え、計253ケースの津波高の概略計算を実施し、北海道知床半島から長崎県平戸市までの日本海沿岸を50mメッシュに分割して沿岸の津波高を算出した。概略計算の結果から、北海道から福井にいたる日本海沿岸東部では、北海道や東北の一部等で15m以上のところもあったが、概ね高いところで5～12mであった。それに対して、京都から九州北部の日本海沿岸西南部では、高いところでも概ね3～4mであった。また、日本海の海底地形の影響で、東北沖での津波が中国地方で高くなる場合があると書かれている。

図36にこの調査検討会で得られた日本海側の16府県の最大津波高が示されている。日本海沿岸東部は、北米プレートとユーラシアプレートの2つの大陸性プレートの境界に沿って、1940年積丹半島沖地震（Mw7.6）、1964年新潟地震（Mw7.6）、1983年日本海中部地震（Mw7.7）、1993年北海道南西沖地震（Mw7.7）が発生している。この最近の活動から見ると、日本海東縁部の領域では､約10年から20年間隔で大きな津波を伴う地震が発生している。一方、日本海沿岸西南部では、2000年鳥取県西部地震（Mw6.8）、2005年福岡県西方沖地震（Mw6.7）などの日本海の沿岸近くの内

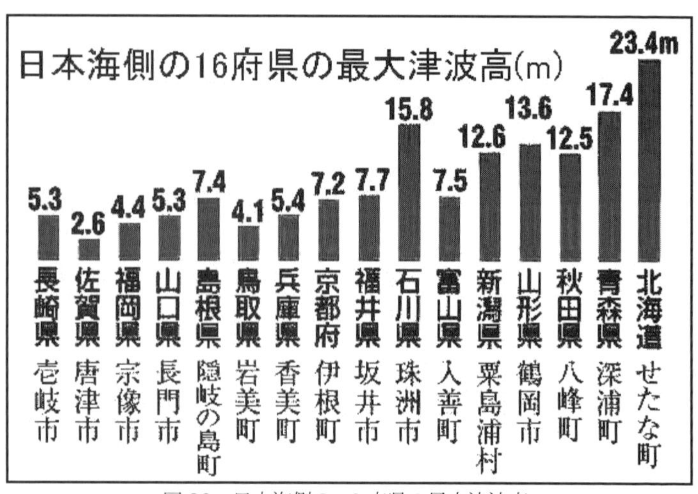

図 36　日本海側の 16 府県の最大津波高

陸部で被害を伴う地震が発生しているが、東縁部に比べると地震活動は低調で、大きな被害を伴う津波の歴史資料は、現時点では確認されてないという。これが、図 36 の日本海側 16 府県の最大津波高の想定にも反映されている。

しかし、ここで指摘された 2000 年鳥取県西部地震や 2005 年福岡県西方沖の地震のほか、日本海沿岸西南部で津波を伴った M7 級の地震としては、1700 年対馬沖、1872 年浜田地震、1927 年北丹後地震などがあったことも忘れてはならない。

地震予知連絡会会報第 90 巻（2013）の松浦律子博士の報告：日本海沿岸での過去の津波災害（http://cais.gsi.go.jp/YOCHIREN/report/kaihou90/12_14.pdf）によれば、日本海の地震の津波マグニチュード（Mt）は モーメント・マグニチュード（Mw）より 0.2 程度大きく、同じ地震規模ならば太平洋側より津波が大きいという

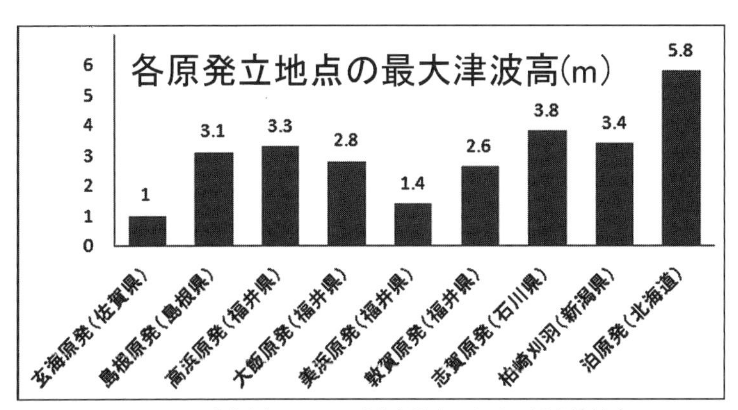

図 37　日本海側の 9 つの原発立地点における最大津波高

指摘がある。この原因は岩石の弾性定数の差に起因するとされている。また、1983 年の日本海中部地震や 1993 年の北海道南西沖地震の経験から、日本海側の地震は、地震規模が小さくても津波が高くなる傾向があるということだ。この松浦博士の議論が、前章で述べた赤松純平博士の「若狭湾の地震は高周波成分が卓越している」という研究成果とつながってくるかどうかは定かではないが、検討してみる必要があると思う。

図 37 には、日本海側にある 9 つの原発立地点における最大津波高が示されている。図 36 と図 37 を比較すると、原発立地点の最大津波高は、周辺の最大津波高より小さめに見積もられているのではないかという印象をもつ。例えば、図 36 で福井県の最大津波高は坂井市の 7.7m、京都府の場合は伊根町の 7.2m である。これに対して、図 37 では、大飯原発が 2.8m、高浜原発が 3.2m となっている。若狭湾の原発群がこの調査検討会の想定で安心してよいものかどうかについては、疑問があるが、それについては、第 3 節で述

べる。

原子力規制会の委員長代理であった島崎邦彦東大名誉教授は、2015年11月28日に岡山市で開かれた日本活断層学会2015年度秋季学術大会で、「活断層の長さから推定される地震モーメント：日本海「最大」クラスの津波断層モデルについて」と題する講演を行った。以下はそこからの引用であるが、「日本海における大規模地震に関する調査検討会」の見解は、過小評価の恐れがあり、再検討が必要がある。また、日本海沿岸では過去に大津波がたびたび発生し、今後も警戒を怠れない。政府の調査検討会の想定は自治体がつくる防災計画に大きな影響を及ぼすだけに、「このままでは東日本大震災のような『想定外』を繰り返しかねない」と警鐘を鳴らした。

調査検討会が想定に用いた手法では、土木工学会や国の原発規制基準で使われる従来の手法より地震規模が小さくなることがある。この結果、能登半島以西で地震規模が従来手法の4分の1ほどと見積もられる例も出た。さらに、京都府沖合に延びる郷村断層の延長部と、鳥取県沖の断層で起きるずれの大きさはそれぞれ5.4mと7.6mであるのに、調査検討会の想定は、2.8mと4mで、いずれも従来手法より小さかったことも指摘したうえで、今回公表された想定は、「東高西低」だが「西日本は過小評価」と批判した。

これに先立ち、文部科学省は、日本海沿岸地域での津波の波高予測・強震動予測を一層強化するために「日本海地震津波調査プロジェクト」を2013年度より開始した。開発・事業期間は2020年度までの8年間である。このプロジェクトは、東北日本大震災の津波被害を受けて、政府が2011年に「津波対策の推進に関する法律」を制定し、津波の発生機構の解明と津波の規模等に関する予測精度の向上についての調査研究を国が行うことを明示したのに基づいている。また、第4期科学技術基本計画（2011年8月に閣議決定）では、大規模な自然災害の発生に際し、人々の生命と財産を守るための取組を着実に進めることの必要性をあげ、生活の安全性と利便性の向上に関する施策を重点的に推進するため、地震などに関する調査観測や予測、防災、減災に関する研究開発や、防災体制の強化、災害発生時の迅速な被害状況の把握及び情報伝達、リスク管理も含めた災害対応能力の強化に向けた研究開発を推進するとしている。

そのほか、例えば福井県からの要望として、「日本海側における地震津波評価について積極的に推進していただきたい」といった自治体からの強い要請もある。

その一方で、日本海とその沿岸における地震活動性や地殻活動などの基礎調査及び研究データは不足しているため、関連する研究・技術分野の枠を超えた総合的な分野融合を図り、効果的な成果の達成を目指して以下の調査研究を実施する。

①日本海と沿岸地域の海域や沿岸部を含む陸域において、地殻構造探査を実施し、津波や強震動を発生させる断層の位置や形状を明らかにし、震源断層モデルを構築する。

②日本海沿岸での津波の最大波高の予測として、構築した震源断層モデルを用いた津波波高予測計算を行う。

③日本海沿岸での主要地域で構築した震源断層モデルを用いた強震動予測計算を行う。

④プレート相互作用としての内陸地震の発生メカニズムの解明として、プレート境界での巨大地震発生に前後して度々背弧域で発生する内陸型地震についてのメカニズムを解明し、長期予測

の高度化を目指す。

⑤日本海沿岸自治体の地震・津波防災リテラシーの向上―地域防災担当者との研究会・勉強会などを開催し、相互のコミュニケーションを実施することにより、その精度や意味についてより正確な情報を伝え、地方自治体の防災担当者のニーズを反映させた形で、地球科学的な基礎情報に基づいた津波波高や強震動などの予測データを提供し、最も効果的な防災対策に活用されるよう情報発信を行う。

というものである。太平洋側とは違い、海・陸のプレート境界がない日本海側には巨大地震は発生しないと考えられてきたため、日本海側の津波予測の研究は、あまり進展してこなかった。今回、「日本海地震津波調査プロジェクト」の発足を契機として、この地域の津波予測の研究の大幅な進捗を期待したい。

（3）若狭湾の津波－大飯原発の津波対策

2015 年 10 月 20 日に開催された大飯原発差止京都訴訟の第 8 回口頭弁論において、原告側の弁護団地震班は、被告側の関電による 2015 年 1 月 22 日付の津波に関する準備書面 (2)、及び、2015 年 5 月 21 日付の地震に関する準備書面 (3) に反論を展開した。

まず、津波に関する準備書面（2）（2015 年 1 月 22 日）の最初の部分に、大飯発電に影響を及ぼす日本海側の津波について、関電の対応は、以下の (1)~(3) のように書かれていた。

---

(1) 本件発電所の設計・建設にあたり、敷地周辺における津波の被害記録を調査するなど、津波に関する調査・検討を行った。その結果、津波による被害の記録は見当たらないこと、本件発電所が位置する日本海側には、平成 23 年（2011 年）東北地方太平洋沖地震を惹起したような、海のプレートが陸のプレートの下に沈みこんでできる海溝型のプレート境界は存在せず、津波による水位上昇量は少ないと考えられること、本件発電所における主要な建屋の敷地高さ（T.P.※5 + 9. 3m 以上）等を踏まえ、津波が本件発電所の安全性に影響を及ぼすことがないと判断した。

(2) 数値シミュレーションにより本件発電所への影響を評価した結果、敷地周辺の海域活断層の地震に伴う津波の影響が最も大きく、想定される最大水位上昇量を T.P.+2.85m（取水路 (奥))、想定される最大水位下降量を、大飯原発 1 号機及び 2 号機につ

※ 5　T.P. とは、東京湾平均海面（Tokyo Peil）の略で、全国の標高の基準となる海水面の高さである。

いては、T,P.-1.85m（同１号機及び２号機海水ポンプ室前)、大飯原発３号機及び４号機については，T.P. -1.84m（大飯３，４号機海水ポンプ室前）と評価した。そして，この想定される最大水位上昇量が本件発電所の安全上重要な設備を設置する敷地高さを下回り（すなわち 押し波による水位上昇時も本件発電所の安全上重要な設備を設置する敷地が浸水することがない)、想定される最大水位下降量が海水の取水可能水位を上回る（すなわち，引き波による水位低下時も海水の取水が可能である）ことから 本件発電所の安全性に影響を与えるものではないことを確認した。

(3) 新規制基準を踏まえた耐津波安全性の評価を行うこととし、基準津波の策定にあたり、本件発電所へ大きな水位変動をもたらすと考えられる津波として、地震による津波、地すべり等の地震以外の要因による津波及び行政機関が想定した波源モデルによる津波、並びにこれらの重畳津波について、不確かさを考慮した。

これに対する反論は、原告側弁護団の地震班でしっかり考えてくれていたが、原告団長である筆者も、関電側の津波に関する準備書面に問題点がないかを考えてみることにした。このときの最初の印象は、上述の (1) ～ (3) の関電側の主張には反論が難しいということであった。さらに、前節で述べた「日本海における大規模地震に関する調査検討会」の公式見解で、若狭湾に近い福井県坂井市では 7.7m、京都府伊根町では 7.2m の最大津波が予測され、大飯発電所では 2.8m 津波の到来が予測されると書かれていることなどから考

えると、津波に関して原告団が攻めるのは、なかなか難しそうだなと思った。

しかし、この章の第1節で述べたように、福島第一原発の津波対策で、東電は、それまでの学問的知識を生かして想定津波高が6.1mとしていたのに対して、現実にはその2倍をはるかに超える15m以上の津波の浸水高が押し寄せたことを考えると、関電が新規制基準に則って、万全を期したという津波対策にも弱点があるはずだと思った。その後、筆者は、以下に述べるような問題点を弁護団の担当者と議論した。

[1026年の万寿津波]

関電側の準備書面（2）には、「本件発電所における主要な建屋の敷地高さ（T.P. + 9. 3m 以上）等を踏まえ、津波が本件発電所の安全性に影響を及ぼすことがないと判断した」と書かれているが、これに関して、島根県技術士会の平成23年度と24年度研究報告に、1026年の「万寿津波」の場合、島根県の益田周辺で20mを超える津波がこの地域を襲ったという記述がある（加藤芳郎：2012、2013)。

表5に加藤芳郎（2012）の「益田を襲った万寿3年の大津波（島根県技術士会平成23年度研究報告、11-18.）から引用した「益田地域における津波の到達地点とその高さ」が示されている。加藤芳郎(2012)によれば、この表の「津波の高さ」の部分のオリジナルは、都司嘉宣・加藤健二（1995）の「万寿石見津波の浸水高の現地調査、鴨島学術調査最終報告書－柿本人麿伝承と万寿地震津波－、鴨島伝承総合学術調査団、42-57.」にあると書かれているが、残念ながら

この都司・加藤の原論文は、入手できていない。

いずれにせよ、加藤芳郎（2012）の報告を読むと、1026 年 6

表 5　益田地域における津波の到達地点とその高さ (加藤芳郎(2012) より引用)

地点名	所在地	津波の伝承	伝承の出典※	津波の高さ※※
石見潟	益田市飯浦町	岬の先端が欠けて今はない	石見八重葎	–
持石 (場所不明)	益田市高津町持石、春日神社	神石が流された	石見八重葎	18m
松崎	益田市高津町	人麻呂の木像が流れ着いた	正徹物語　正一位柿本大明神祠碑	23m
櫛代賀姫神社	益田市久城町、益田川右岸	被災したので現在地に移転した	柿本人麻呂と鴨山	–
安富	益田市安富町、一帯	津波が到達した	柿本人麻呂と鴨山	16.2m 以上
護宝寺	益田市横田町神田	護宝寺が流された	石見八重葎	22m
船ヶ溢	益田市横田町市原	船が漂着した	横田物語・文献 (13)	21m
椎山	益田市東町	津波が到達した	柿本人麻呂と鴨山	文献 (13) は否定
久々茂	益田市久々茂町			
遠田八幡宮	益田市遠田町下遠田	社殿が流された 砂丘を乗り越えた	安田村発展史 (遠田八幡宮由緒)	8m 以上 10 ～ 12m
貝崎	益田市遠田町中遠田	水田に津波が到達した	安田村発展史	22m
黒岩	遠田町中遠田	– 海岸から運ばれた巨岩 (津波石)	安田村発展史 文献 (13)	25m
遠田黒石神社	益田市遠田町上遠田、黒石八幡宮	先祖の祠堂を丘の上に移した	安田村発展史・(沢江家文書)	–
滑堤	益田市遠田町上遠田、並良堤	津波が到達した	柿本人麻呂と鴨山	文献 (13) は否定
二艘船	益田市木部町	2 艘の船が打ち上げられた	柿本人麻呂と鴨山・(鎌手村史)	12.2m

※「伝承の出典」のうち、括弧書きは原典される文献。
遠田八幡宮由緒：宝暁 11(1761) 年、大島八塩による、原本所在不明。
沢江家文書：享保年間 (1716-36) の成立、1772 年写本、原本所在不明。
鎌手村史：大賀周太郎による、(詳細不明)。
※※「津波の高さ」は、文献 (13)（下記）による。
(13) 都司嘉宣・加藤健二 (1995)：万寿石見津波の浸水高の現地調査、鴨島学術調査最終報告書－
柿本人麿伝承と万寿地震津波－、鴨島伝承総合学術調査団、42-57。

月16日（万寿3年5月23日）に島根県石見地方を襲った「万寿津波」は、島根県の益田周辺で地震の被害はほとんど記録に残されていないのにもかかわらず、20mを超える津波がこの地域を襲ったという文書記録があると書かれている。それらの原典は、正徹物語、石見八重葎、横田物語、安田村発展史などであるという。

益田は、万葉の歌人柿本人麻呂の生誕地であり、終焉の地でもあるとされていて、彼を祀った人丸寺のあった高角山（別名鴨山）がこの万寿の津波によって流されたとの伝承から、地元の人々は皆、万寿の大津波に、ことのほか関心をもっているという。もし、ここに指摘されている文献記録の信頼性が高いものであれば、プレート境界から遠い日本海沿岸西南部においても20mを超える津波が襲ったということになり、「津波が本件発電所の安全性に影響を及ぼすことがない」という関電側の主張は危うくなる。そこで、関電には、1026年の「万寿の津波」の記述の信憑性について精査してほしいと願っている。その結果によっては、大飯発電所の津波対策の再検討が求められるので、われわれもその結果に多大の関心を寄せている。

[山田断層の取り扱い]

関電側の津波に関する準備書面（2）のなかの［図表4　敷地周辺の海域活断層］に、⑱郷村断層は取上げられているが、この地震と共役断層※6をなす山田断層についての記載がない。本書第2章

※6　地殻の水平方向に圧縮または引っ張りの力が働いたとき、この力の働く方向とほぼ45°ずれた2つの方向に断層面が形成されうる。通常はこのうちのどちらかに断層面が現れるが、直交する2つの方向に、2本の断層面が現れる場合もある。この2本の断層の組を共役断層と呼ぶ。

の図25に示した「若狭湾周辺の主な活断層の分布」の左端に郷村断層と山田断層の位置が示されている。この図を見ると、郷村断層よりも山田断層の方が、高浜原発や大飯電発にずっと近い。関電側の主張としては、郷村断層は海域まで延びている部分を含めて34kmの郷村断層帯として扱ったが、山田断層は海域まで延びていないので無視したということだろうと思う。しかし、山田断層は、宮津湾まで顔を出しており、この断層の東南端まで破壊した地震が起きたときには、津波の発生を当然考えなければならないのではなかろうか。

郷村断層と山田断層を含む山田断層帯は、1927（昭和2）年の北丹後地震で見つかった断層である。地震調査研究推進本部の山田断層帯の説明によれば、郷村断層の最新活動時期は1927年の北丹後地震とされているのに対して、山田断層帯主部の最新活動時期は、約3千3百年前以前であったと推定されている。従って、この地域で次に活動する活断層としては、郷村断層よりもその共役断層である山田断層の方が先である可能性が高い。山田断層帯主部は、全体が1つの区間として同時に活動し、マグニチュード7.4程度の地震が発生すると推定されており、その際には、北西側の相対的な隆起を伴う3m程度の右横ずれ変位を生じる可能性があると述べられている（http://www.jishin.go.jp/main/yosokuchizu/katsudanso/f074_yamada.htm）。

山田断層系は北東端で宮津湾まで顔を出しており、それが活動して地殻内断層型地震が起きた場合の地震断層が北西側の相対的な隆起を伴うとすると、大飯原発への津波の影響は、郷村断層が活動した場合の影響よりもずっと大きいと予想される。

さらに、既存の活断層の延長上の空白域でM7クラスの地震が起こった例を第2章で紹介したが、山田断層でもこれと同じように、陸域で既知である山田断層の延長上の若狭湾内で、M7クラスの地殻内断層地震が起こる可能性は十分考えられる。このような場合には、高浜原発や大飯原発では10mを超える津波に襲われる可能性がある。

福島第一原発の場合、それまでの科学的知見をすべて取り入れた津波対策では想定高を6.1mとしていたが、現実には15mを超える津波被害を受けた。このことから考えても、山田断層及びその延長上の空白域で起こる可能性のある地殻内断層地震による津波被害についても検討が必要である。それなのに、何も対応を考えようとしない関電は、東電と同じ轍を踏もうとしているのであろうか？

［海底地すべりによる津波］

先に示した1026年「万寿津波」に関しては、20mを超える津波が島根県の益田周辺の地域を襲ったという文書記録が残されているにも関わらず、地震の被害はほとんど記録に残されていない。このように、地震によらずに20m超の津波が日本海側で発生するメカニズムについてはまだ定説がない。しかし、一つの可能性として、産総研の岡村行信博士は、海底の堆積性斜面崩壊による津波の可能性を指摘しており、大地震が起こりにくい場所でも、まれに大規模な斜面崩壊が起こり、津波を発生させると述べているのが注目される（岡村行信：日本海の津波波源：http://www.mlit.go.jp/river/shinngikai_blog/ daikibojishinchousa/dai02kai/dai02kai_siryou2.pdf）。

岡村博士は、このような海底の大規模斜面崩壊の例として、島根沖のほか、鳥取沖や若狭湾沖を示している（図 38）。この際、若狭湾沖については、図 39 に示すように、長さ 200km 程度の広大な大規模斜面崩壊を想定していた。

一方、関電側準備書面（2）では「海底地すべりよる津波」の影響を見積もる際に、3 つのエリア（A ～ C）に分けて検討し、それぞれの海域で独自の海底地すべりが生じたとして、その影響は高々 4.7m としている。この関電が扱った A ～ C のエリアは、図 39 で岡村博士が想定した若狭湾沖の長さ 200km 程度の大規模斜面崩壊領域を 3 つに小分けしたと考えてほぼ間違いない。彼が指摘したように、これらの A ～ C のエリアがいっしょに動いて長さ 200km 程

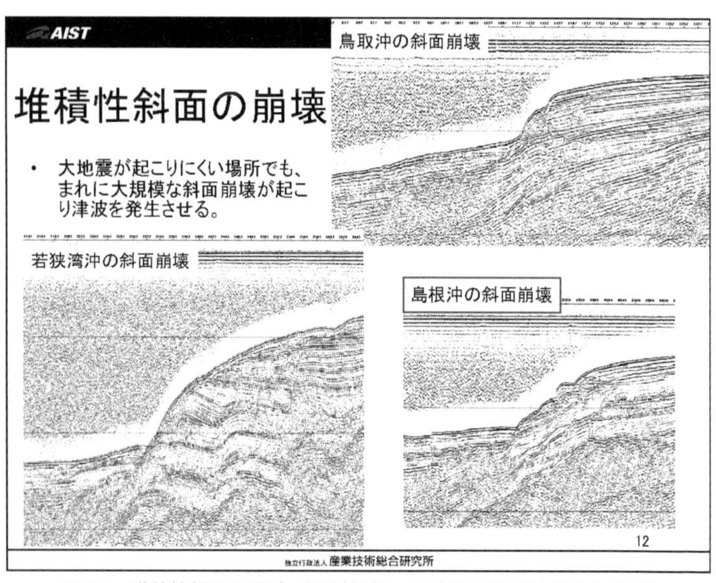

図 38　堆積性斜面の崩壊（岡村行信：日本海の津波波源より引用）

図39　斜面崩壊が発生している斜面（岡村行信：日本海の津波波源より引用）

度の広大な大規模斜面崩壊を想定した場合には、単純に積算しても、大飯発電所では、10mを超える最大水位上昇が予想される。このことから考えても、「万寿津波」に関する文献の信頼性についての検証が重要になってくる。

[陸上地すべりによる津波]

関電側準備書面（2）の「図表4　敷地周辺の海域活断層」のなかには、大飯発電所に最も近い活断層として、⑨ FO-A ～ FO-B ～熊川断層も含まれており、これらの活断層が連動して動いた場合の大飯発電所の推定津波高さは4.17mと記載されている。一方で、同準備書面の「陸上地すべりよる津波」についての記述のなかでは、

図 40 に示されている大飯発電所に近い No.17 及び No.18 の地点で地すべりによる土砂が海面にすべり落ちる際の海面の挙動がどう伝わるかを計算して、津波水位を算出している。その結果、No.17 では 2.2m、No.18 では 0.8m の水位変化がありうるとされている。

しかし、上記の 2 つを独立に論じるのはおかしい。その理由は、FO-A 〜 FO-B 〜熊川断層が連動して動くような場合には、地すべり地域の No.17 及び No.18 の地点も震源域に含まれると考えられる。そうなると No.17 及び No.18 地点が同時に、さらにはもっと広い範囲が同時に地震動の揺れで斜面崩壊を起し、大量の土砂が海面にすべり落ちることになる。さらに、このような場合には、FO-A 〜 FO-B 〜熊川断層の主断層の動きによる津波に加えて、主断層とはほぼ 90° ずれていて、共役関係をなす短い断層系の動きも考慮する必要があるかもしれない。このような短い共役断層の 1 つとして、

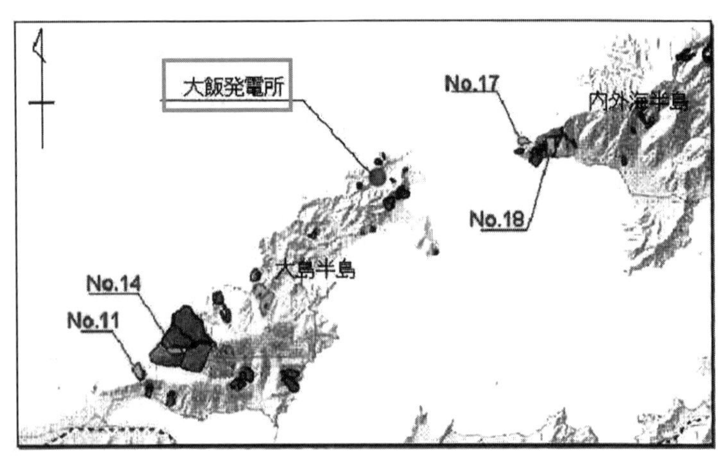

図 40　大飯原発周辺の地上地すべり地形の抽出結果（関電準備書面（2）より引用）

図25のなかの大飯原発の右下にFO-C断層の位置が示されている。

ところで、「島原大変肥後迷惑」と言うことをご存じだろうか？

これは、1792年5月21日（寛政4年4月1日）に肥前国島原（現在の長崎県）で起こった雲仙岳の火山性地震及びその後の眉山の山体崩壊（島原大変）と、それに起因して島原や対岸の肥後国（現在の熊本県）を襲った津波（肥後迷惑）による災害である。これは、火山性地震が引き起こした津波の例であるが、通常の地殻内断層地震による斜面崩壊（山体崩壊）の例としては、1984年9月14日の長野県西部地震（M6.8）のときに、後に「御嶽崩れ（または伝上崩れ）」と呼ばれる山体崩壊が発生し、体積約3450万立方メートルの土砂が伝上川の両岸を削りつつ、濁川温泉旅館を飲み込みながら、標高差約1900～2500m、距離約10kmを平均時速80～100kmという猛スピードで流下し、延長約3kmにわたって最大50mの厚さで堆積した。また、2008年6月14日の岩手・宮城内陸地震（M7.2）では、栗駒山周辺をはじめとした山体崩壊や土砂崩れ、河道閉塞が多かった。

長野県西部地震も岩手・宮城内陸地震も内陸の地震であり、津波の被害はなかったが、いま、大飯原発で問題になっているFO-A～FO-B～熊川断層が連動してM7.8の地殻内断層地震が起こった場合には、周辺の海岸部の斜面崩壊（山体崩壊）によるローカルな津波による原発立地点への影響を考えなければならない。そうなると、No.17及びNo.18のような狭い範囲の地すべり地帯域だけでなく、それらを含むもっと広範な海岸壁の斜面崩壊による津波を考えなければならず、原発立地点への影響は10mを超える場合もありうるであろう。

以上見てきたように、関電の大飯原発の津波対策には、まだまだ検討すべき問題があると考える。つまり、関電は、若狭湾の原発群が海のプレートが陸のプレートの下に沈みこんでできるプレート境界から遠く、海溝型巨大地震が近くで起こる可能性は少ないので、太平洋側の原発群のような厳しい津波対策は必要ないという基本的な考えに立っている。しかし、本節で述べたことをまとめると、次のようになり、津波対策の見直しが必要であろう。

(1) プレート境界から遠い日本海沿岸西南部においても、1026年6月16日「万寿津波」の際に、島根県の益田周辺で20mを超える津波がこの地域を襲ったという文書記録がある。この文書記録が信頼でるものであれば、若狭湾の原発群でも20mを超える津波に対する対策が必要になる。

(2) 大飯原発に関する津波対策のなかで、郷村断層は海域に延びた場合を含めて検討されている。しかし、この地震と共役断層をなす山田断層についての記載がない。郷村断層よりも山田断層の方が高浜原発や大飯電発にずっと近くにあるほか、より近い将来に活動すると考えられている。山田断層の東南端は、宮津湾まで顔を出しており、この断層の延長上にある空白域の海域で地殻内断層地震が起きた場合を想定した津波被害の予測も必要であると考えられる。

(3) 海底地すべりによる津波の影響に関しては、若狭湾北方の海域を3つのエリア（A～C）に分けて、それぞれのエリアで海底地すべりが生じたとして、その影響は高々4.7mとしている。より安全側に立つという考えであれば、3つのエリアが同時に動いた大規模な海底地すべりの被害想定も示してほしい。

(4) 陸上地すべりによる津波について、FO-A ～ FO-B ～熊川断層が連動して M7.8 の地殻内断層地震が起こった場合には、他の M7 クラスの地震の例に見られるように、震源周辺の斜面崩壊（山体崩壊）が考えられる。そうなると、既存の地すべり地形だけでなく、もっと広範囲の海岸壁の斜面崩壊による津波も考えなければならず、原発立地点への影響は 10m を超える場合もありうるのではなかろうか。

4．原発と火山

（1）世界の火山、日本の火山

本書の第 1 章で述べたように、日本列島は、海洋性の太平洋プレートとフィリピン海プレート、それに大陸性のユーラシアプレートと北米プレートの 4 つのプレートがせめぎ合う場所にある。このようなところでは、地震活動が活発であり、火山も多い。世界地図の上で、地震の分布と火山の分布をプロットしてみると、よく似た分布を示す。震源が 100km より浅い地震の分布と火山の分布を見比べると、それらがほとんど並走していることがわかる。とくに太平洋をぐるりと取り巻くように並ぶ火山列が目につき、これは、「環太平洋火山帯」とよばれている。一方、プレート境界でないところでも、点々と活火山が見られる。ハワイに代表されるこれらの点は、プレート内部を貫いて、地下深部から高温のマントル物質が直接湧き上がってくるホットスポットの一部だと考えられている。

ヨーロッパの大部分やインドの中南部、それに、オーストラリアやカナダでは、ほとんど地震が起きていないし、これらの場所では活動的な火山も見出されていない。それに比べて、イタリア、インドネシアや日本などは、地震活動も火山活動も活発である。とりわけ日本には、世界に 1500 程度存在する火山の約 7%が集まっている。日本の陸地面積 38 万 km^2 は、世界の陸地面積のわずか 0.3%にしか過ぎないことを考えると、大変な密度で日本に火山が集中していることがわかる。

有史以来、大きな被害を被った火山災害を世界的に見ると、まず、ポンペイ（Pompei）は、イタリア・ナポリ近郊にあった古代都市で、西暦79年の8月24日のお昼過ぎに、地震とともに、ヴェスヴィオ火山の大噴火による火砕流と降下火砕物によって地中に埋もれてしまった。その後、発掘された遺跡は、「ポンペイ、ヘルクラネウム及びトッレ・アンヌンツィアータの遺跡地域」の主要部分として、ユネスコの世界遺産に登録されている。

日本にもポンペイのように、火山活動によって埋まってしまった村がある。1783年8月3日（天明3年7月6日）の浅間山の大噴火で発生した岩屑なだれにより、鎌原村（現在の嬬恋村鎌原地区）では1村152戸が飲み込まれた。これにより、供養碑に刻まれた477名を含めて、1624名を超す犠牲者が出た。その後、しばらくして溶岩流が噴出し始め、いまは観光名所になっている「鬼押出し」の溶岩が北側に流下して、この浅間山大噴火は収束に向かったとされている。この噴火による火山灰は遠く江戸、銚子まで達した。

なお、この浅間山の噴火の約4か月前の1783年4月13日（天明3年3月12日）に、青森県の岩木山も噴火した。この噴火も周辺に火山灰を降らせたが、浅間山の噴火よりもずっと小さな規模だったので、その影響も小さかったと考えられる。いずれにせよ、この2つの火山の噴火は、降灰等による直接的な被害にとどまらず、日射量低下による冷害傾向をもたらし、それによる天候不順が「天明の大飢饉」の原因となったとされている。

同じ頃、1783年6月8日にアイスランドのラキ火山で、マグマが地下水に触れてマグマ水蒸気爆発が発生し、その後、長さ26kmにわたり130もの火口が誕生する大噴火となった。この1783年のアイスランドと日本の火山の大噴火によって、世界規模の気候変動（寒冷化）が起こり、多くの国々が食糧不足に陥った。1789年のフランス革命はこの気候変動に伴う食糧不足がきっかけになったとも言われている。

火山災害の回数が際立って多いのがインドネシアである。1815年には過去2世紀に世界で記録されたなかで最大規模の噴火であるタンボラ火山の巨大カルデラ噴火が起きた。なお、巨大カルデラ噴火については、第3節で説明する。この噴火のときは、1812年から火山活動が始まり、1815年4月10日から同年4月12日にかけての大爆発音は1750km先まで聞こえ、500km離れたマドゥラ島では火山灰によって3日間も暗闇が続いたという。高さ3900mあった山頂は2851mに減じ、面積約30 km^2、深さ1300mのカルデラが生じた。この大噴火による噴出物の総量は150 km^3 に及び、半径約1000kmの範囲に火山灰が降り注ぎ、地球規模の気象にも影響を与えた。

さらに、1883年に発生したクラカトア火山の爆発では、噴火により史上最悪の犠牲者（36000人以上）を出したと言われている。この噴火で噴出した火山灰、軽石、噴煙は、上空20km以上にまで達し、周辺の地域は暗闇に包まれた。また噴火で発生した巨大な津波は広範囲で感知されたという記録がある。

このほか、ネバド・デル・ルイス火山は、南米コロンビアにある活火山である。コロンビアの火山の中で最も北に位置し、赤道直下ながらも山頂付近は雪に覆われており、噴火のたびに融けた雪と火山噴出物による泥流（ラハール）が発生する。1985年の噴火による災害（死者25000人：アルメロの悲劇 (Armero tragedy) ）以降、近隣の住民からネバド・デル・ルイス火山は「眠れる獅子」とよばれるようになった。

20世紀最大の噴火は、1991年にフィリピンのルソン島西側にあるピナツボ火山で起こった。噴火前に1745mあった標高が、噴火後には1486mまで低くなったという。1500年以降に世界で発生した死者1000人以上の噴火災害の回数は，インドネシアが13回と際立って多く，ついでフィリピン・日本・イタリア・西インド諸島が各3回，コロンビア・パプアニューギニアが各2回などである。

世界中を見回して、次に巨大カルデラ噴火が起こる場所として、米国西部で巨大なカルデラが存在するカリフォルニア州のロングバレーとワイオミング州のイエローストーンが警戒されている。とくに、イエローストーン・カルデラは、東京都が2つも入る巨大な火山で、210万年前、130万年前、64万年前に超巨大カルデラ噴火を起しており、ぼつぼつ、次が危ない時期だと言われている。

日本の富士山に代表されるように、火山は美しい景観を生みだし、その周辺に湧き出す温泉は、保養地として人々に憩いの空間を提供している。また、火山灰が厚く降り積もった土地は、水はけがよく、作物にとって必要な栄養分も含まれている。このような特徴を生かして、火山のふもとの地域では、「桜島ダイコン」のような特産品が各地で生みだされている。さらに火山は、硫黄に代表される地下深部からの鉱物資源の「運び屋」としても、われわれに恩恵をもたらしてきた。

しかし、これまで見てきたように、いったん火山が噴火すると、地元に多大の被害を及ぼすほか、グローバルな気候変動の原因にもなった。日本では、1783年の浅間山大噴火のような大きな噴火を各世紀に4～6回も繰り返してきた。しかし、最近の100年では、雲仙普賢岳や御嶽山などで大きな被害があったものの、噴火そのものは小規模であり、火山活動としては、「異常に」静かな時期だったと言われている。

日本の火山を火山帯に区分する場合は、プレートテクトニクス理論に基づき、太平洋プレートの沈み込みに起因するものを東日本火山帯、フィリピン海プレートの沈み込みに起因するものを西日本火山帯と２つの火山帯に分けて呼ぶようになった。以前の古い火山帯区分では、白山火山帯（大山火山帯）を狭義の白山火山帯（中部・北陸地方）と大山火山帯（中国地方）の２つに分け、千島火山帯から狭義の白山火山帯までが東日本火山帯、狭義の大山火山帯から霧島火山帯までが西日本火山帯に相当すると言われていた。

筆者が子供の頃に学校で習った火山の分類は、「活火山」・「休火山」・「死火山」というものだった。つまり、例えば桜島のように、今でも盛んに噴火を繰り返している火山を「活火山」、富士山のように、噴火記録はあるがしばらく活動を休んでいる火山を「休火山」、木曽の御嶽山や北海道の雌阿寒岳のように、噴火の記録がなかった火山を「死火山」と分類していた。

しかし、「死火山」と考えられていた御嶽山の南西側斜面で 1979 年に水蒸気爆発が起こり、その後も小規模な噴気活動が続いたことや、雌阿寒岳も 1955 年以降にしばしば噴火を繰り返したりして、この分類では実態にそぐわない事例が出てきた。火山活動の寿命は長く、数百年程度の休止期間はほんのつかの間の眠りでしかないということがわかってきたということである。そこで、噴火記録のある火山や今後噴火する可能性がある火山を全て「活火山」と分類する考え方が 1950 年代から国際的に広まり、1960 年代からは気象庁も噴火の記録のある火山をすべて活火山と呼ぶことになった。

2003年に火山噴火予知連絡会は「概ね過去1万年以内に噴火した火山及び現在活発な噴気活動のある火山」を活火山と定義し直し、活火山の数は2015年現在で110となっている。これを図41に示してあるが、そのうち、今後100年程度の中長期的な噴火の可能性及び社会的影響を踏まえて、「火山防災のために監視・観測体制の充実等の必要がある火山」として47火山が選定された。

気象庁の説明によれば、図41に示された火山分布の海溝側の境界を画する線を「火山前線（フロント）」という。つまり、この線より海溝側には火山が存在せず、海溝より遠い側に日本の火山が並んでいるという意味で、「前線」である。東日本火山帯では、千島列島から東日本、そして伊豆七島から西之島新島に至る太平洋プレートの沈み込み帯である日本海溝の西側約100~200kmの距離に「火山前線」がある。一方、西日本火山帯の「火山前線」は、フィリピン海プレートがユーラシアプレートの下に潜り込む場所の南海トラフの北西側約100~200kmの距離に並んでいる。そして、気象庁は、火山防災上「監視・観測体制の充実等の必要がある火山」として選ばれた47火山を常時観測火山として観測体制を整備し、24時間体制で火山活動の監視を行っている。今後も、火山噴火予知連絡会の提言を受け、常時観測火山は順次増やされることになっていて、すでに八甲田山、十和田、弥陀ヶ原の追加が決まっているとのことである。

余談になるが、筆者が地震予知連絡会の委員をしていた2004年頃に、火山噴火予知連絡会の委員をしていた知人と、東京のビアホールでいっしょにビールを飲む機会があった。そのときに筆者が、「地震予知に比べると、噴火予知は楽なもんだね。ある地域の地震の予

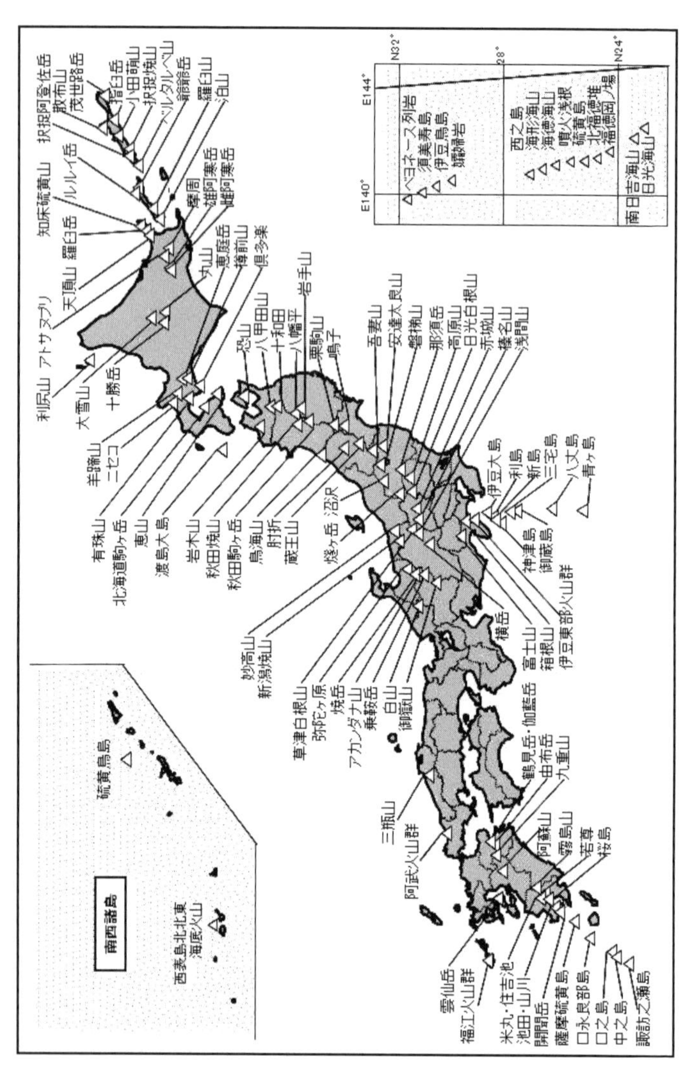

図 41　日本の活火山の分布（気象庁ホームページ：「活火山とは」より引用）
（http://www.data.jma.go.jp/svd/vois/data/tokyo/STOCK/kaisetsu/katsukazan_toha/katsukazan_toha.html）

知を考える場合は、いつ・どこで起こるかを決めなければならないから、時間のタームのほかに、空間的な3次元的な位置を求めなければならない。つまり、地震予知では、時間と空間の未知数が4つもあるが、噴火予知は、場所はわかっているから、時間だけ決めればいいんだろう？」と言ったところ、えらく叱られた。

その知人に言われたのは、「1つの火山でも、どの場所でどんな噴火をするかを決めなければならないから、4つの未知数は、地震予知と変わりない。それに加えて、どんなタイプの噴火をするのかという『噴火様式』と噴火開始後にどう発展するのか、いつ収束するのかの『噴火の推移』を予測しなければならない。だから、地震予知より未知数が多くて大変なんだ！」ということである。測地学を専門とする筆者にとって、地震予知が難しいということは、これまでに実感してきたことであったが、火山噴火予知はもっといろいろ困難があるということを、このとき改めて認識し、素直に彼に謝った。結局、その日のビール代は私が受けもつことになった。

日本の活火山の監視に関して、内閣府・防災情報のページのなかに「火山活動にともなう現象」（http://www.bousai.go.jp/kazan/taisaku/k201.htm）として、以下のように書かれている。

噴火現象：地下のマグマの活動により地下の物質が地表に噴出する現象をいい、マグマが噴出する噴火（ストロンボリ式噴火、ブルカノ式噴火等）、高圧の水蒸気や火山ガスが地表を吹き飛ばし噴出する水蒸気爆発、上昇してきたマグマが海水や地下水と接触して引き起こすマグマ水蒸気爆発に分けられる。

火砕流：高温のガスと火山灰・軽石等が山腹をなだれ下る現象。

火山泥流：噴火による火口湖の決壊や融雪などにより発生した泥水が流れ下る現象。

火山性津波：噴火に伴う山腹の崩壊によって生じた土石が海に流入したり、海底火山で大規模な噴火が発生したときに津波が発生することがある。

噴火現象に書かれているストロンボリ式噴火とは、イタリアのストロンボリ火山でよく見られる噴火で、このように名づけられている。やや粘性の高いマグマが間欠的に小爆発を繰り返すもので、軽石や火山弾を放出する噴火で、さらさらとした溶岩流が流れ出ることもある。2014 年 11 月に阿蘇山の中岳噴火がこの方式であった。ブルカノ式噴火は、イタリアのブルカノ火山でよく見られる噴火で、爆発に伴って、溶岩流、火山灰、火山礫、火山岩塊を大量に噴出する噴火である。日本では、桜島や浅間山の噴火にこのタイプが多い。なお、ブルカノという名称は、英語の Volcano（火山）の語源である。2014 年 9 月の御嶽山の噴火は、60 名を超える犠牲者が出て大きな火山災害であったが、マグマそのものは地表まで出てこず、水蒸気爆発であった。マグマ水蒸気爆発は、マグマが地表まで出てきて、しかもそれに水蒸気爆発が加わるので、大きな火山災害を引き起こす場合が多い。

これを読んで、火山の噴火予知の研究は、いつ・どこの場所で次の噴火が起こるか、また、その噴火がどのようなタイプで、どのくらい継続するかまで予測しなければならないとすると、これは、大変な仕事であると思った。私が知っている火山学者は、九州の桜島や阿蘇山、それに、北海道の有珠山などの各火山にはりついて研究を行っており、それぞれの火山のホームドクターとして地元からの信頼も厚い。そのうちの１人が、たまたまテレビをつけたら報道ニュースに出ていて、自分の受持ちの火山の噴火警戒レベルを気象庁が２から３に引き上げた際の根拠を緊張した面持ちで説明していた。それを見ていたら、こちらも胃が痛くなった。

筆者は、地球物理学者の１人として、地震・津波・火山災害の危険性の高い日本の電力需要を賄うのに原発依存は止めて、環境に優しい自然エネルギーの利用を考えなければいけないと思っている。火山大国日本の地熱資源の埋蔵量は、世界で米国、インドネシアに次ぎ、第３位であるそうだ。そこでわが国でも、火山の地熱を生かした地熱発電にもっと力を注ぐべきだと考えている。

原発に頼らず、また、資源に限りがある化石燃料を使った火力発電ではなく、太陽光や風力の再生可能エネルギーを使った発電が考えられているが、地熱発電は、太陽光や風力発電に比べて、天候や日照時間にも左右されないで発電ができるという利点をもつ。しかし、いま日本にある地熱発電所は 20 カ所足らずで、その出力の合計は 520MWh 程度であり、全電力の約 0.3%にしか過ぎない。

日本で、いままで地熱発電があまり行われてこなかったのは、国立・国定公園のなかで掘削や開発事業をしてはならないという「自然公園法」の制約と温泉が枯れるのではないかという温泉業者の反対のためだという。しかし、2011 年３月の福島第一原発の過酷事故以来、事情が変わってきて、2012 年に環境庁が発表した新たな指針では、国立・国定公園のなかでも景観を維持するうえで重要な地域を除いては、小規模の発電設備の設置が認められるようになった。さらに、公園の外から斜めに掘削して熱源に達するという方法も、環境に影響を及ぼさないという条件付きで認められるようになった。これで、地熱発電の導入可能量は、現在より大幅に増えると期待される。現在、日本で発電に使われている地熱は、地熱埋蔵量の 2%にしか過ぎないということなので、将来性はあると考える。

しかし、地熱発電を推進するためには、発電設備の腐食やパイプ詰まりなどの問題点をクリアーするために、新たな技術対策も必要である。これまで原発開発のために、どのくらいの予算がつぎ込まれたのか確かな数字は知らないが、地熱発電の技術対策に必要な費用は、原発開発の費用に比べれば、桁違いに安いと思う。要は、政府が原発推進に向かうのか、脱原発の方向に向うのかの姿勢如何にかかっている。

（2）海溝型超巨大地震と火山活動

2004年12月26日にインドネシア西部のスマトラ島北西沖のインド洋で発生した2004年スマトラ島沖地震（Mw9.1）と2011年東北地方太平洋沖地震（Mw9.0）とは、ともに沈み込み帯の先にある弧状列島付近で起こった海溝型の超巨大地震で、大きな津波を伴った。そこで、2011年東北地方太平洋沖地震の余震活動や周辺の火山活動の推移をみるうえで、先行した2004年スマトラ島沖地震のケースは非常に参考になると考えられた。しかし、スマトラ島沖地震の場合は、地震の4か月後にタラン山、1年3か月後にメラピ山、3年後にケルート山と地震後3年間に少なくとも3つの火山が噴火したのに対して、東北地方太平洋沖地震の場合は、地震後しばらくは、大規模な火山噴火が起こらなかった。

そこで、第1章の図3に示した過去100年に世界で起こったMw9クラスの海溝型超巨大地震の7例のなかで、2004年スマトラ島沖地震と2011年東北地方太平洋沖地震を除く残りの5例について、地震と周辺の火山活動の関係について調べてみた。

まず、1952年のカムチャッカ地震（Mw9.0）では、地震から3か月以内にカルピンスキーなど3つの火山が、そして3～4年後にはベズイミア火山が噴火した。このベズイミア火山は1000年も活動を休止していたあとの噴火だった。次に、1957年のアンドレアノフ地震（Mw9.1）でも地震の4日後から5か月後に近くの複数の火山が噴火した。さらに、1960年のチリ地震（Mw9.5）では、地震2日後に近くのコルドンカウジェ火山が噴火したほか、1年後までに近くの3つの火山が噴火した。このほか、1964のアラスカ地震（Mw9.2）では、地震の3か月後にトライデント火山が噴火し、2 年後にリダウト火山が噴火した。2010 年のチリ地震(Mw8.8)の場合、直後には近くのどの火山も噴火しなかったので、地震の規模がやや小さかったために、火山噴火を誘発できないのかと思われていた。しかし、1 年 3 か月後の 2011 年 6 月にコルドンカウジェ火山群の噴火が始まった。

このように、Mw9 クラスの海溝型超巨大地震は、いずれも数年以内に近くの複数の火山で噴火が生じていることがわかった。これは地震のマグニチュードが大きいと、応力変化を起こす領域も広くなり、震源域から離れたところにある火山にまで影響力が及ぶからだと考えられる。

東北地方太平洋沖地震の場合も、他の Mw9 クラスの海溝型超巨大地震の例よりは若干遅れるが、やはり、周辺の火山噴火につながった。2011 年 3 月 11 日東北地方太平洋沖地震が起きたあと、同年 3 月 22 日に開かれた火山噴火予知連絡会で、気象庁は、「地震に関連した火山性微動や地殻の変動はなく、火山活動の兆候は見つかっていない」と報告している。このとき、火山噴火予知連絡会の藤井敏嗣会長は、「マグニチュード 9.0 の地震が直接影響したかはわからないが、日本の火山のいくつかが反応したのは事実だ。火山周辺での地震活動は減衰傾向にあり、いますぐ何かが起こることはないだろう。ただ、2004 年のスマトラ沖大地震の後、数か月たってからインドネシアの火山活動が活発化したことがあり、今後も注意していく必要がある」と述べている。この時点で、箱根山、富士山、焼岳周辺などでは地震活動が活発化する傾向にあったが、すぐに噴火活動に結び付くような兆しは認められなかった。

そして、約 2 年後の 2013 年 3 月 12 日に開催された火山噴火予

表6　東北地方太平洋沖地震後に地震活動の活発化した火山
（2013年3月12日、第125回火山噴火予知連絡会で配布の資料）

番号	火山名	地震の発生場所	地震の増え始めた時期	最大マグニチュード	その後の状況
1	丸山	山体頂の東側から西側（山頂から2～8km）	3月11日以降	M4.2 2011年8月24日 震度1	2011年10月下旬以降平常
2	秋田焼山	山頂の南南西約10km	3月11日以降	なし	2011年5月以降平常
3	岩手山	山頂の西北西約10km	3月11日以降	なし	2011年4月3日以降平常
4	秋田駒ヶ岳	山頂付近から北側約5km以内の範囲	3月11日以降	M2.6 2011年3月21日 震度1	2011年4月以降平常
5	日光白根山	西側及び北西側へ約5km付近 北北京へ10km付近	3月11日以降 2013年2月25日以降	M4 5 2011年3月12日 震度4 M6 3 2013年2月25日 震度5強	2012年秋以降平常 減少傾向
6	草津白根山	湯釜の北約3km	3月11日以降	なし	2011年4月以降平常
7	浅間山	山頂火口の南及び南東	3月12日以降	M1.6 2011年4月19日 震度1	2011年4月以降平常
8	焼岳	山頂直下～北西麓	3月11日以降	M4.7 2011年3月21日 震度3	2012年1月以降平常
9	乗鞍岳	北麓2~8km付近	3月11日以降	M3 1 2011年3月13日 震度2	2011年4月以降平常
10	白山	山頂付近	3月11日以降	なし	2011年4月以降平常
11	富士山	頂直下付近～南麓	3月15日以降	M6 4 2011年3月15日 震度6強	減少しながら継続
12	箱根山	駒ヶ岳から芦ノ湖付近、金時山付近、大涌谷北部 駒ヶ岳から仙石原付近、芦ノ湖北端付近	3月11日以降 2013年1月中旬以降	M4 2 2011年3月21日 震度2 M2.1 2013年2月10日	2011年4月中旬以降平常 減少傾向
13	伊豆東部火山群	大室山の北から北西及び東南東約15km付近	3月11日以降	M4 4 2011年3月19日 震度3	2011年4月以降平常
14	伊豆大島	島西方沖および北部	3月11日以降	M2 9 2011年3月12日	2011年4月以降平常
15	新島	新島付近	3月11日以降	M4 7 2011年3月11日 震度4	2011年5月以降平常

番号	火山名	地震の発生場所	地震の増え始めた時期	最大マグニチュード	その後の状況
16	鶴見岳・伽藍岳	山体の西側及び東側 4~ 5km 付近	3 月 11 日以降	なし	2011 年 4 月以降平常
17	九重山	山体の西側及び北西側の筋湯付近	3 月 11 日以降	なし	2011 年 4 月以降平常
18	阿蘇山	火口北西側 10km 付近	3 月 11 日以降	なし	2011 年 4 月以降平常
19	中之島(トカラ列島)	震源決まらず	3 月 11 日以降	なし	2011 年 4 月以降平常
20	諏訪之瀬島	震源決まらず	3 月 11 日以降	なし	2011 年 4 月以降平常

図 42　東北地方太平洋沖地震後に地震活動が活発化した火山の分布
(2013 年 3 月 12 日、第 125 回火山噴火予知連絡会で配布の資料)

知連絡会において「 平成 23 年（2011 年）東北地方太平洋沖地震後に地震活動の活発化した火山」と題する資料が発表された（表 6 及び図 42)。これを見ると、東北地方太平洋沖地震後、2 年経って、周辺で地震活動が活発になった火山はあっても、警戒されていた火山噴火は起こらなかった。霧島山新燃岳と桜島（いずれも鹿児島県）は 3 月 11 日の地震後に噴火を起こしているが、この 2 つの火山は元々、活発に噴火活動を繰り返していたので、これらの火山の活動が東北地方太平洋沖地震の影響とは言い切れない。とくに、新燃岳は 3 月 11 日の地震の 1 ヶ月あまり前の 1 月 26 日に、約 300 年ぶりの噴火を起こしている。

その後の火山噴火の推移を辿ると、2 年半以上経ってから、太平洋プレートとフィリピン海プレートの境界にある西之島が 2013 年 11 月 20 日に噴火した後、現在も活発な火山活動が続き、新しい陸地を生みだしている。そして、2014 年 9 月 27 日に御嶽山が噴火し（水蒸気爆発）63 名の死者・行方不明者を出した。また、2015 年 5 月 29 日には口永良部島が噴火し、島民全員が避難した。さらに 2015 年 6 月 16 日には浅間山で小規模な噴火があったほか、霧島山 6 月 30 日に箱根山、同年 8 月 7 日に硫黄島で小規模な噴火があった。さらに、2015 年から 2016 年にかけて、阿蘇山や桜島が噴火したほか、霧島山でも火山活動が活発になった。

東北地方太平洋沖地震の震源域から離れた場所で、以前から活動が活発であった火山にも今回の海溝型超巨大地震の影響があったかどうかは疑問であるとの声もある。そこで、過去における日本の海溝型巨大地震が火山噴火を誘発した例を調べてみた。

理科年表などの資料によると、約 300 年前の 1707 年 10 月 28

日に遠州灘沖と紀伊半島沖で同時に発生した宝永地震（M8.6）は、いわば東海地震と東南海・南海地震が連動した地震であるが、この49日後の12月16日に富士山がその歴史の中でも珍しいほどの激しい爆発的噴火を起こしたという。

また、今回の東北地方太平洋沖地震のモデルとされている貞観（じょうがん）地震（M8.3より大）は、1100年以上前の869年7月9日に起きたが、この地震の2年後（871年）に、秋田県と山形県の県境にある鳥海山が噴火して大量の溶岩流が流れた。また、この貞観地震に先立ち､864年（貞観6年）から866年（貞観8年）にかけて、富士山は大規模な噴火活動（貞観大噴火）を起した。貞観地震の18年後の887年8月26日（仁和3年7月30日）には、「五畿七道諸国を揺るがす大地震」である仁和地震（M8.0~8.5）が発生したが、これは南海トラフの巨大地震の1つであったと考えられる。さらに、「日本紀略」によれば、滅多に地震も火山噴火も起こらない中華人民共和国吉林省と朝鮮民主主義人民共和国（北朝鮮）両江道の国境地帯にある標高2744mの白頭山火山で893年に噴火があった。これにより、日本の東北地方や北海道に降灰があったという。

このように、過去における日本の海溝型巨大地震と周辺の火山の噴火とが連動して起こったとすると、2011年東北地方太平洋沖地震の後に、富士山の地震活動が活発化したにも関わらず、噴火には至らなかったということが気になる。京都造形芸術大学の尾池和夫学長が、その著書「2038年－南海トラフの巨大地震」（マニュアルハウス社、2015）のなかで、次の南海トラフの巨大地震は2038年頃が要注意と書いている。これは、869年に東北の貞観地震が起きてから、その18年後の887年に五畿七道諸国を揺るがす仁和地震が起きたことと、符牒が合っている。こうなると、次の南海トラフの巨大地震が予想されている2038年頃までに、富士山の大噴火も、警戒しなければならないかも知れない。

（3）日本の巨大カルデラ噴火とその原発への影響について

関電の大飯原発の安全対策に関して、火山噴火への対応は、ほとんど論じられていない。これは、図 41 に示されている日本の 110 の活火山のうち、大飯原発から東側に約 120km 離れて白山、西側に約 290km 離れて三瓶山があり、それより近くには活火山が存在しないことから、原子力規制委員会が 2013 年 4 月にとりまとめた「原子力発電所の火山影響評価ガイド」（https://www.nsr.go.jp/data/000050376.pdf）に基づき、火山噴火への対策は考慮しなくてもよいということであろう。

大飯原発の西側約 190km のところに大山火山があるが、活火山の定義が「概ね過去 1 万年以内に噴火した火山」となっているため、1 万年以上前に活動した大山は、現在の活火山には含まれていない。しかし、大阪湾周辺に広く分布する大阪層群とよばれる地層（約 300 万 ~20 万年前）のなかには、およそ 50 層もの火山灰層が見つかっており、伊賀盆地から近江盆地にかけて分布する古琵琶湖層群（約 400 万 ~ 40 万年前）には、およそ 130 層もの火山灰層があるという。近畿地方では、ほとんど火山が見あたらないことから、これらの火山灰は、大山や隠岐のほか、九州の火山から飛来したと考えられている。

近い将来、西日本のどこかの火山が噴火して、偏西風に乗った細かい火山灰が若狭湾の原発群にも飛来することを考えると、精密電子機器の故障もありうる。火山灰は、静電気を帯びることがあり、コンピュータなどの電子機器も静電気を発生するので、室内に漂う細かい火山灰が空気吸入口などから機器の内部に侵入すると、機器の誤動作や故障の原因となる。原発稼働をより安全側に考えるという立場に立てば、大飯原発においても、このような問題への配慮が必要かも知れない。

それはともかくとして、大飯原発を含むわが国の全ての原発は、やがて日本でも起こる巨大カルデラ噴火への対応を真剣に考えておかなければならない。自然・社会を一変する大規模な火山噴火を、「巨大カルデラ噴火」、「超巨大噴火」、「破局噴火」と専門家の間でも用語がまちまちに使われているが、本書では「巨大カルデラ噴火」を用いることにする。

このような巨大カルデラ噴火は、日本では10万年間に12回（あるいは12万年間に18回という説もある）起きたと考えられている。つまり、平均すると約7~8千年に1回、このような巨大カルデラ噴火を経験していることになる。このうち、一番近年のものは、約7300年前に九州南方で起こった「鬼界カルデラ噴火」であるから、もうぼつぼつ次の巨大カルデラ噴火があるかも知れない。「鬼界カルデラ噴火」で放出されたマグマの量は100km^{3}を超えており、薩摩半島の南方50kmのところにある薩摩硫黄島は、このカルデラの北の縁に作られた火山島だそうだ。

図43に喜界カルデラ噴火の降灰量を示してあるが、この図は、火山噴火予知連絡会の藤井敏嗣会長が2015年2月3日に「ナショナルレジリエンス懇談会」で講演した「大規模火山災害について」から引用したものである。藤井会長は、この図の出典は、町田洋・新井房夫：新編火山灰アトラス、東京大学出版会（2003）であると述べている。本書でも藤井会長が使ったこの図をそのまま引用させていただいた。

図43で、噴火地点から100kmほどの範囲には火砕流が到達した。図中の数字は、堆積した火山灰の厚さを示しているが、九州中部から四国南部にかけて約30cm、大阪でも約20cmの降灰があったことがわかる。こうなると、西日本から関東地方までの市民生活は完全にマヒしてしまう。

このカルデラ噴火で大量に出た火山灰により、九州をはじめ日本の西南部にあった先史時代からの文明が断絶してしまった。縄文初期の遺跡や遺物が東北地方にだけに集中しているのは、これが理由だとも考えられている。

噴火の規模は、一般には噴出物量、または、マグマ量で表わせら

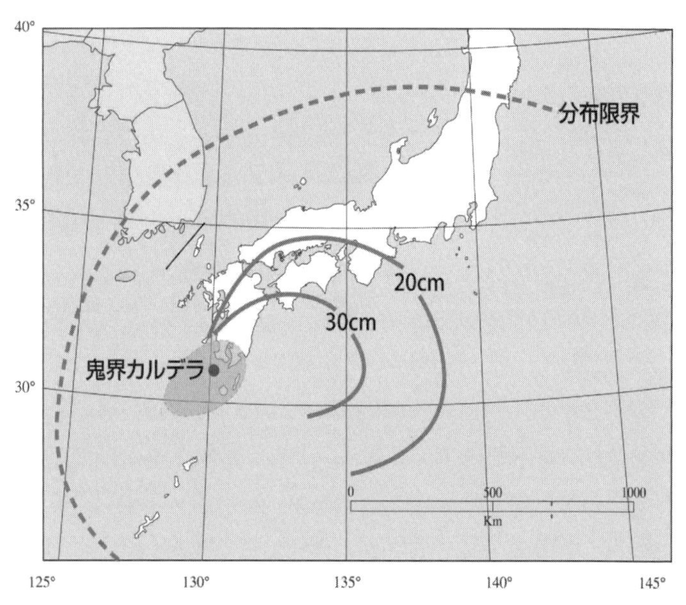

図43　喜界カルデラ噴火の降灰量　7300年前
（出典は、町田・新井：新編火山灰アトラス、東京大学出版会、2003）

れる。すでに、第1節で述べたように、1991年6月にフィリピンのルソン島西側にあるピナツボ火山で起きた噴火は、20世紀最大の火山噴火であった。このときの噴出物量は10 km^3、マグマ量での量で5km^{3}であった。これに対して、巨大カルデラ噴火の噴出量は、おおよそ数10から数100km^{3}以上に達すると考えられており、琵琶湖の貯水量である28 km^{3}をはるかに超えている。このような巨大カルデラ噴火が起きるためには地下数kmに直径10km、厚さ1km以上のマグマ溜りが作られる必要がある。日本では比較的新しい大型カルデラが、北海道と九州で見つかっている。

巨大カルデラ噴火のメカニズムも少しずつ明らかになってきた。つまり、いったん巨大なマグマ溜りができるとそこに大きな浮力が働く。それにより地表が隆起するとそこに割れ目ができる。この割れ目がマグマ溜りとつながると、圧力が抜けるためにマグマは激しく発泡し、割れ目の一部から噴火が始まる。そして、マグマの10%ほどが噴出すると、一部が空洞となったマグマ溜りに地表がピストン状に落下する。そうすると、発泡した大量のマグマが一気に押し出されて、破局的な噴火が始まるというストーリーである。

九州電力は、2014年4月18日に「川内原子力発電所 火山影響評価について」と翌日の4月19日に「川内原子力発電所 火山影響評価について（コメント回答）」を公表した。そのなかで、北は阿蘇山から南は口永良部島までを含む半径160kmの範囲の14の活火山の将来の活動を検討した結果、「（原発の）運用期間中の超巨大噴火の可能性は十分に小さい」と評価した。これは、原子力規制委員会の「原子力発電所の火山影響評価ガイド」に基づき、カルデラ噴火のような巨大噴火（破局的噴火）による「設計対応不可能な火山事象（＝火砕流）」が原発の運用期間中に影響を及ぼす可能性を検証したうえで、「その可能性は十分に小さい」と評価したものである。

2014年186回通常国会において、同年6月18日付で、辻元清美代議士が「九州電力川内原子力発電所の火山影響評価に関する質問主意書」を提出した。その質問要旨を以下に示しておく。

「九州電力川内原子力発電所は現在、原子力規制委員会による新規制基準適合性審査が行われているが、原子力発電所から約50kmにある姶良（あいら）カルデラとよばれる巨大な火山におけるカルデラ噴火（巨大噴火、破局的噴火とも呼ばれる）による影響が懸念されている。姶良カルデラは、桜島を含む、鹿児島湾北部が一つの巨大な火山になっており、約3万年前にはカルデラ噴火が発生したことが確認されている。この時に発生した火砕流について、九州電力は川内原子力発電所の敷地に到達した可能性を認めている。このカルデラ噴火の可能性については、火山学者から多くの警告が出ている。にも関わらず原子力規制委員会が、火山学者抜きで、巨大噴火の兆候の把握が可能であることを前提に審査を実施していることに対しては有識者からも強い批判が出ており、近隣自治体からも懸念の声が示されている。」

この質問には、規制委員会の「火山影響評価ガイド」とその指針に従った九電側の対応に、強い懸念が表明されている。それに対して、安倍晋三内閣総理大臣からの答弁は、下記にその一部を示すように、内容のある話は引き出せなかった。

「火山影響評価ガイドにおいて、原子力発電所の運用期間とは、原子力発電所に核燃料物質が存在する期間をいうものとされている。また、個々の原子力発電所の運用期間については、一義的には事業者の判断により定まるものであり、政府としてお答えする立場にない」。

その後、川内原発の火山噴火対策に関する九電と規制委員会のやりとりに関して、各方面から批判がでている。その一例として、『東洋経済』Web版に、「原発再稼働の是非　川内原発審査の問題」というテーマで、2014年8月6日~10日までに下記の4人の識者の意見を掲載している。

8月6日：植田和弘・京大教授（経済学）の意見

「政府の説明では、規制委の新規制基準の下での適合性審査にパスすればいいということだが、田中俊一委員長は、『適合性審査にパスしただけであって安全と認めるものではない』と説明している。安全性が確保されたかどうかを、誰が責任を持って判断するのかがあいまいだ。新規制基準が世界で最も厳しい基準というのもかなり怪しい。本当に世界で最も厳しい基準なのか？　再稼働の判断は時期尚早であり、誰も審査を信用しなくなる恐れがある。原発のコストは安くない」などの問題点を指摘した。

8月7日：高橋正樹・日大教授（火山地質学、岩石学）の意見

「火山影響評価は科学的とはいえない」と断じたうえで、「（縦軸に噴出量を取り、横軸に時間を取って、噴出規模や噴出時期を予測する方法の）『階段ダイヤグラム』で、理想的なものを作ることができれば役に立つが、実際問題として作るのが非常に難しい。噴出量の見積もりの誤差が大きく、年代測定も難しい。10人研究者がいれば、10通りの『階段ダイヤグラム』が作られる。ところが規制委は、そのうちの1つに基づいて、火山活動の全体を予測できるという前提で火山ガイドを作っている。それで原発規制の厳密な議論ができるのかは非常に疑わしい。規制委による火山ガイド策定では、火山学会に評価が依頼されたわけではなく、ごく一部の火山学者しか関わっていない。火山の影響評価においては何が重要か、規制委の内部で十分練られていないのではないか？　また、巨大噴火の時期や規模は予測できない」と語った。

8月8日：広瀬弘忠・東京女子大名誉教授（災害・リスク心理学）

「実効性ある避難計画を再稼働の要件とせよ」という主旨で発言しているが、「一番の問題は、規制委の審査は深層防護、多重防護によって事故を最低限に抑えられるという想定があるわけだが、それが固定化することで、再び『安全神話』につながっていきかねないということだ。福島第一原発事故が想定外だったとされたように、100％安全だとか、0％の危険性だとか、考えることにはそもそも無理がある。われわれには『福島』という一つの大きな教材がある。いろいろな失敗から学ばなければならないのに、失敗を避ける方法をあえて無視している。そういうやり方はあまりにも政治的というか、エゴイスティックという気がする。福島の教訓を生かすなら、30キロメートル圏だけでなく、40キロメートル、50キロメートル圏のことまで考えなくてはならない。避難・災害支援態勢をどう構築するか。縦割りの弊害をなくし、統合的な指揮系統を整えることが必要だ」と述べた。

8月10日：藤井敏嗣・東大名誉教授（火山学）の意見

「原子力規制委員会は、自ら策定した『原子力発電所の火山影響評価ガイド』に基づいて、カルデラ噴火のような巨大噴火（破局的噴火）による『設計対応不可能な火山事象（＝火砕流）』が原発の運用期間中に影響を及ぼす可能性を検証したうえで、『その可能性は十分に小さい』とする九州電力による評価は『妥当である』と審査書案で述べている。しかし、大多数の火山の研究者の意見は、『可能性が大きいとか小さいとかいう判断自体ができない』というものだ」と述べたうえで、「いくつかのカルデラ火山をまとめて噴火の間隔を割り出すという考え方自体に合理性がない。一つの火山ですら、噴火の間隔はまちまちであり、周期性があるとは言いがたいからだ。たとえば、阿蘇カルデラで起きた最新の巨大噴火は約9万年前だが、その前の巨大噴火との間隔は2万年しかない。今回、一まとめの対象から外された鬼界カルデラの巨大噴火は、約7300年前に起きている。この100年の間でも、桜島は静かだった時期もあれば、毎日のように噴火を繰り返す時期もある。そもそも、南九州のカルデラ火山の地下でどのくらいのマグマが溜まっているかの推定すら、現在の科学技術のレベルではできない」などの問題点を指摘した。

4人の話を総合すると、「規制委の火山リスク認識には誤りがある」ということであるが、このほか、小山真人静岡大教授も岩波・科学、第85巻、第2号（2015）のなかで、規制委員会の「原子力発電所の火山影響評価ガイド」に関して、以下のように疑問を呈している。「問題点としては、（1）発生可能性の恣意的基準、（2）火山学・火山防災の現状との乖離、（3）不明確な『運用期間』、の3つが挙げられる。このうち、（1）については、『設計対応が不可能な火山事象』が原発の運用期間中に影響を及ぼす可能性が十分小さいと評価できない場合は，その原発は立地不適とされる。しかしながら，どのような数値基準をもって可能性が『十分小さい』と判断するかが明記されておらず，曖昧かつ恣意的な基準となっている」。さらに、小山教授は、「規制委員会の『火山影響評価ガイド』に示されている火山についての基準は、同委員会の活断層に関する基準よりもゆるいのではないか」とも述べている。

また、日本火山学会は、2013年9月に原子力問題対応委員会を設置し、2014年11月に「巨大噴火の予測と監視に関する提言」を公表した。そこには、「噴火警報を有効に機能させるためには、噴火予測の可能性、限界、曖昧さの理解が不可欠である。火山影響評価ガイド等の規格・基準類においては、このような噴火予測の特性を十分に考慮し、慎重に検討すべきである」と記されている。

このような批判にもかかわらず、原子力規制委員会は、2014年7～8月のパブリックコメントを経て、同年9月10日に審査書を確定し、2015年2月12日に九電・川内原発1、2号機と関電高浜3、4号機が新規制基準に基づく審査に合格したと発表した。この2つの原発の再稼働差止の仮処分を求めた訴訟のその後の動きについては、本書の第2章第5節で述べた。

巨大カルデラ噴火については、まだ研究途上にある。同じ場所で数万年に1度起こる地学的現象の追試はできないからである。そこで、過去に世界中で起こった事例を調べて、そのメカニズムを解明しなければならない。しかし、次章で述べる高レベル放射性廃棄物の最終処分として、地下300m以上の深さの地層内に10万年以上安定に埋設する地層処分の方法が考えられているが、10万年というオーダーで考えれば、その間に日本は、破局的な巨大カルデラ噴火に見舞われることは間違いなかろう。次の巨大カルデラ噴火がいつ起こるかはわからない。日本を火山灰で埋めた巨大噴火である鬼界カルデラ噴火は7300年前に起こった。このような、巨大カルデラ噴火は平均して7~8千年に1回起こるとすると、もう今でも安心していられないのではないかという気がする。

「鬼界カルデラ噴火」のような巨大カルデラ噴火に巡り合わせた時代の人々には運命と思って諦めてもらうしかない。しかし、その時代に原発が稼働していたら、これは大問題である。つまり、鉄道も車も使えなくなった人々が、僻地にある原発にアクセスするのはとても無理であろう。そうなると、原発が暴走しても手の施しようがない。結果として、高濃度の放射性廃棄物を世界中にばらまくことになる。21世紀に生きる日本人として、そんなことを許してよいと考える人はいるだろうか？　筆者は、地震大国・火山大国日本の原発依存を1日も早く止めさせなければならないと考えている。

本章をまとめるにあたり、島村英紀著：火山入門－日本誕生から破局噴火まで（NHK出版新書467、2015）と古儀君男：火山と原発―最悪のシナリオを考える（岩波ブックレット、2015）を参考にさせていただいた。本章の執筆にあたり、この両氏のほか、火山噴火予知連絡会副会長の石原和弘京大名誉教授には、多くの助言を頂戴した。これらの方々に厚く御礼を申しあげます。

5．原発、高レベル放射性廃棄物の処分問題

（1）わが国で原子力発電が行われるようになった経緯に関して

本章では、原発稼働に伴い必然的に排出される高レベル放射性廃棄物の処分問題について述べるが、その最初に、世界で唯一の被爆国であった日本が原子力発電に踏みだすようになった経緯について簡単に触れておく。

まず、日本でも第二次世界大戦中に２つの原子爆弾開発計画が存在していた。１つは陸軍の依頼による理化学研究所を中心にした開発計画であり、もう１つは海軍の依頼による京都帝大理学部の計画であった。しかし、それらの研究が核兵器として具体化される前に、米軍により、1945年の８月６日に広島、そして８月９日に長崎に原爆が投下された。そして、８月15日に昭和天皇による終戦の詔書の朗読（玉音放送）が放送され、日本の降伏が国民に公表された。その後、７年間にわたり、連合国から日本の原子力に関する研究が全面的に禁止された。

そして、1952年４月に平和条約（サンフランシスコ講和条約）が発効したのを受けて、日本の原子力研究が解禁になり、1953年12月８日に米国のアイゼンハワー大統領が国連総会で「原子力の平和利用」演説を行ったのをきっかけとして、日本でも原子力発電への取り組みが始まった。1954年３月２日に、初の原子力予算が衆議院に提出されたが、これは、当時は改進党に所属していた中

曽根康弘代議士と元警察官僚であった読売新聞社の正力松太郎社長が中心になって準備を進めてきた原子力の平和事業への補助金である。その額の2億3500万円は、ウラン（U）の同位体のなかで、核燃料となる「ウラン235」にちなんで決められたという。

ウランは、原子番号92の元素であり、U217からU242の同位体がある。このうち現在の地球に天然に存在しているウランは、全体の約99.3%がU238で、核分裂を起こしにくく、原子炉の燃料としては使えない。核分裂を起こしやすく原子炉の燃料として使えるU235は天然には約0.7%しか存在しない。原子力発電では、このU235の含有量を3～5%に高めたものを燃料として使う。U235の原子核に中性子を当てると、ウラン原子は2つの原子核に分かれる。このとき大量の熱が発生するため、これを発電用熱源として利用し、水を蒸気に変えて蒸気タービンを回転させて発電機で電力を起こす。U235に中性子を当てると、核分裂が起こると同時に、新たに2～3個の中性子が発生する。この中性子がさらに別のU235に当たると、核分裂が起き、別の原子核ができて、さらに2～3個の中性子が発生する。こうした反応がゆっくりと連続的に行われるように工夫したのが原子炉で、核分裂が起きるときに生じる膨大な熱エネルギーを利用したものが原子力発電である。

1954年3月2日に国会で原子力予算が採択された前日(3月1日)には、日本のマグロ漁船「第五福竜丸」が南太平洋マーシャル諸島近海において操業中、ビキニ環礁で行われていた米軍による水爆実験に巻き込まれた。船員23人が大量の放射性降下物（死の灰）を数時間にわたって浴びて被爆し、久保山愛吉無線長は半年後に40歳で亡くなった。このときの水爆の威力は、広島原爆の1000倍であった。この事件をきっかけに、東京都杉並区の女性が始めた原水爆実験への反対署名の運動は、3000万人の賛同を得るなど、世界的な反核運動へと盛り上がりをみせていた。

この反原子力の世論を鎮静化するために、正力松太郎社長は、すぐさま読売新聞と傘下の日本テレビを使って、原子力の平和利用を推進するキャンペーンを張った。これに成功した正力社長は、1955年2月に70歳を目前にして富山2区から衆議院議員総選挙に立候補し、初当選した。それ以後、中曽根・正力両代議士が両翼となり、国政から原子力導入を強力に働きかけて、1955年の12月8日に原子力基本法が制定された。このあたりの背景を詳細に追いかける余裕はないが、その後の2011年3月11日の福島第一原発の過酷事故後の世論の動きと比較してみると、権力を持つ側の怖さを強く感じる。

3・11の原発事故の直後には、世論の8割までが原発稼働に反対であった。それ以後、多くのマスコミが、原発稼働の危険性を指摘する記事を掲載した。そして世論は、事故後も原発の利権にしがみつく人々を「原子力ムラ」の住民と呼び、冷やかな目で見ていた。しかし原発事故から5年経った2016年3月までに、状況は大きく変化した。政府主導による産官学の連携で、原発依存を継続しようという声が次第に大きくなってきて、もはや「原子力ムラ」ではなく、「原子力マフィア」と言ってもよい状況が作りだされている。

このような流れのなかで、司法だけは別と考えていた。本書の第2章で述べたように、福井地裁の高浜原発3、4号機の再稼働差止仮処分を求める訴訟の判決で、2015年4月14日には樋口英明裁判長から「高浜3、4号機の原子炉を運転してはならない」という決定が下された。しかし、同年12月24日に、樋口裁判長から代った林潤裁判長によって、樋口判定とは180度違う、高浜3、4号機の再稼働を認める異議審決定が言い渡された。これを聞いて、「司法よ、お前もか！」と暗然たる気持ちになっていた。

ところが、第2章の最後で述べたように、2016年3月9日に大津地裁で出された山本義彦裁判長の「高浜原発の運転差止を命ずる」という司法判断を聞いて、少し元気が戻った気がした。

話は戻るが、1955年の12月8日に制定された原子力基本法の第1条には、目的として、「原子力の研究開発、利用の促進（エネルギー資源の確保、学術の進歩、産業の振興）をもって人類社会の福祉と国民生活の水準向上とに寄与する」と書かれている。また、第2条には、原子力開発利用の基本方針として、「平和の目的に限り、安全の確保を旨として、民主的な運営の下に、自主的にこれを行うものとし、その成果を公開し、進んで国際協力に資するものとする」となっている。当時、日本の科学者の間で、核兵器への転用や技術的な不透明さが懸念されていたが、同法には、科学者の国会といわれる学術会議が主張した「公開・民主・自主」の3原則も盛り込まれている。

原子力基本法の成立後、1956年1月に原子力委員会が発足した。日本の原子力元年は、この年であると言われている。その初代委員長は、正力松太郎代議士であった。原子力委員会が発足して早々に、正力委員長が原子力発電を「5年以内に実現へ」という見解を発表する。正力委員長はかなり急いでいたようだ。日本の科学者のなかには、それまでに学術会議などを中心に、日本独自で原子炉を作っていこうという議論もあったが、それを飛び越えて、炉をどんどん外国から輸入して進めるということになる。

ノーベル物理学賞を受賞した湯川秀樹京大教授は、正力委員長の要請で 1956 年に初代の原子力委員会委員になったけれども、「正力委員長が考えている基礎研究を省略して原発建設に急ぐ姿勢は、将来に禍根を残すことになる」と反発し、すぐに委員を辞めようとした。しかし、慰留されていったんは踏み止まったが、その後も正力委員長との対立は深まり、結局体調不良を理由に翌年には在任 1 年 3 か月で辞任した。

1956 年 6 月に日本原子力研究所（現・独立行政法人日本原子力研究開発機構）が特殊法人として設立され、1957 年 8 月には茨城県東海村のこの研究所の実験用原子炉が初の臨界に成功した。これ以降、東海村は日本の原子力研究の中心地となっていく。1957 年 11 月 1 日には、電気事業連合会加盟の 9 電力会社及び電源開発の出資により日本原子力発電（株）が設立された。日本で最初の原子力発電が行われたのは 1963 年 10 月 26 日で、東海村に建設された動力試験炉が初発電を行った。これを記念して 10 月 26 日は原子力の日となっているそうだ。

日本に初めて設立された商用原子力発電所は、同じく東海村に建設された東海発電所であり、運営主体は日本原子力発電（株）であった。その 3 年後の 1966 年 7 月に、東海発電所が営業運転を開始して、日本で初の商業原子力発電の幕をあけた。また、1970 年 3 月 14 日には、日本原子力発電（株）の敦賀発電所が営業運転を開始した。

「関西電力五十年史」（2002）によれば、日本で突如として原子力予算が計上された 1954 年に、関電は早くも技術研究所に原子力グループを設置して、原子力発電に関する基礎研究を開始している。

そして、3年後の1957年には、9電力会社に先駆けて、本店に原子力部を設置した。

原子炉にはさまざまなタイプがあり、日本初の商業原子力発電を行った東海発電所の原子炉は、英国で実用化された黒鉛減速炭酸ガス冷却型原子炉であった。しかし、これは非能率であったので、その後の日本の原発用原子炉には、米国で開発された軽水炉と呼ばれる原子炉が採用されるようになった。軽水炉には、米国の2大メーカーであったゼネラル・エレクトリック（GE社）社が開発した沸騰水型軽水炉（BWR）とウエスチング・ハウス（WH）社が開発した加圧水型軽水炉（PWR）があった。

沸騰水型は、原子炉で熱せられた水で直接タービン発動機を回す。一方、加圧水型は、原子炉で熱せられる一次冷却系とその水で熱せられる二次冷却系とに分離された水の循環がある。沸騰水型は2つの冷却系間における熱交換のロスが少ないので経済性では優位だが、安全性の面ではより大きな問題を抱えていた。このうちのどちらかを選択する必要があったが、関電は加圧水型を導入し、ライバル会社の東電は沸騰水型を選んだ。

そういえば、商業電源は、西日本が60サイクル、東日本が50サイクルであるが、これは、関電の前身である大阪電燈が明治時代の1888年に米国のゼネラル・エレクトリック社製の交流発電機（60サイクル）を導入したのに対して、東電の前身の東京電燈は、対抗上1893年にドイツのアルゲマイネ社製の交流発電機（50サイクル）を導入したことに端を発しているという。関電と東電は、つまらないことで、昔から張り合っていたようだ。

ところで、原発の炉型を決めた関電にとって、次の重要課題は立地点の選定であった。関電は、石川県の能登半島から京都府の丹後半島の日本海沿岸と、和歌山県の紀伊半島一帯を中心に候補地の選定作業を進めた。しかし、なかなか地元合意が得られず、苦労したようである。最終的に福井県美浜町の丹生地区を候補地として決定し、1963年12月から用地買収や海面の埋め立てなどに着手するとともに、現地に「美浜原子力発電所建設準備所」を設けて、本格的な建設の準備を進めていった。そして、1965年1月に、社内に「原子力発電所建設推進会議」を設置し、1970年開催予定の大阪万博に「原子の灯を！」という合言葉のもとに、1967年8月21日に美浜原発1号機の建設が始まった。本書の「はじめに」に、筆者が1965年7月29日から1966年8月18日までの約1年間、美浜原発炉心予定地の地盤調査に係わったエピソードを紹介した。

1964年の東京オリンピックに続いて、1970年の大阪万博は日本中が興奮したイベントであった。大阪万博は、1970年3月14日から9月13日までの183日間、大阪府吹田市の千里丘陵で開催された国際博覧会であるが、6400万人以上の入場者があった。

この開会式の日に、日本原子力発電の敦賀1号炉が営業運転を開始し、万博会場へ初送電した。開会式のときには「原子力の灯がこの万博会場へ届きました」とアナウンスされ、日本の原子力発電のパイオニアと言われた。それを追いかける形で、8月8日には、関電の美浜1号炉も大阪万博へ電気を送った。このときも電光掲示板に「本日、関西電力の美浜発電所から原子力の電気が試送電されてきました」というメッセージが表示された。原発は未来のエネルギーと期待を集めて、祝福されて誕生したのだ。万博のテーマである「人類の進歩と調和」には原子力がふさわしいとされた。思えば、幸福な時代であった。この当時、原発の将来は希望に溢れており、原発が生みだす高レベル放射性廃棄物について、思いを巡らす人はほとんどいなかった。

美浜原発の建設を決めた関電は、芦原義重社長の陣頭指揮のもと、原発比率第一位の電力会社への道を踏み出した。芦原社長は 1959 年に初代の太田垣士郎社長のあとを引き継いだ 2 代目であったが、前社長の方針を踏襲して、黒部川を中心とした水力発電の大型開発を行ったほか、いち早く原子力発電を導入した。太田垣士郎前社長は、戦後に電力業界の再編成が行われ、1951 年に関西電力が発足したとき、その初代社長に就任した人物である。彼は、戦後の電力不足事情をいち早く見抜き、関西地域の電力事情が逼迫する状況を目の当たりにして、その打開策として手がけたのが、世紀の難工事といわれた黒部川第四発電所（いわゆるクロヨン）の建設であった。

これは、小説、テレビドラマ、映画になったが、読者のなかに 1968 年に公開された「黒部の太陽」の映画を見た人が何人くらいおられるであろうか？　この映画では、三船敏郎と石原裕次郎が活躍したが、このなかで太田垣士郎社長を演じたのは滝沢修であり、芦原義重常務取締役は志村喬が演じた。その頃の私は、石原裕次郎の大ファンであり、1972 年に生れた私の息子の名前を付けるとき、「裕次郎」の「裕」の一字を勝手にもらった。

1970 年に、美浜原発 1 号機の稼働以降、関電は 1972 年までに美浜 2 号機、高浜 1，2 号機、大飯 1，2 号機を次々に着工して行った。しかし、これら 3 地点以外での新規立地については、原発の危険性がクローズアップされ始めたこともあって、推進が非常に困難になってしまう。

福島第一電発の事故が起きる直前の時点で日本には54基の原発原子炉が存在した。しかし、その立地点は17カ所にしか過ぎない。電力各社は、その3倍以上の候補地で新規立地点を探したが、地元の反対等があって、なかなかうまくいかなかった。そこで、既に確保した用地内に多数の原子炉を設置せざるをえないことになった。その結果、柏崎刈羽原発には7基、福島第一原発には6基もの原子炉が設置された。これが、いったん事故が起こったときに収拾を困難にしていることは、福島第一原発の事故を見ても明らかである。

1974年6月、田中角栄首相の時代に、電源三法、すなわち、「電源開発促進税法」、「特別会計に関する法律」（旧 電源開発促進対策特別会計法）及び「発電用施設周辺地域整備法」が成立した。田中首相は、2つの側面から原発を推進させた。まず、彼の持論の「日本列島改造論」を根底として、原発誘致のカラクリをこしらえた。もうひとつは、石油ショックに襲われた日本のエネルギー源の多角化を国是とし、原発増設の路線が敷かれていったのである。このときの通産相が原発推進派の中曽根康弘代議士であった。この二人の二人三脚である「田中曽根政治」で電源三法交付金という利害のシステムが誕生した。

権力者は、あの手、この手で原発立地を増やそうとしたのである。電源三法のしくみは、電力会社から販売電力量に応じて電源開発促進税を徴収し、それを特別会計の予算にして、さまざまな交付金・補助金・委託金に使うものである。原発立地点の自治体には「電源立地促進対策交付金」という「迷惑料」が流れ込むしくみができた。

原発立地の地方自治体は、突然に降ってわいたような税収で、橋や道路などのインフラ整備などができたのはよいとしても、立派な学校や公民館などの「箱モノ」を作り過ぎて、その維持費に泣くことになった。そこで原発依存から抜け出せない仕組みができあがった。それこそ、「田中曽根政治」の狙いであった。原発立地の自治体の住民から「原発がなくなったら地元の経済はどうなるの？」という声があるが、これは、「基地がなくなったら沖縄の経済はどうなるの？」というのと同じ思いであろう。

基地がなくても、原発がなくても、地元の経済が成り立つようにするのは、国の責任であり、国がその方針に立てば、できることである。沖縄の基地反対闘争は、地元で次第に大きなうねりになっているが、原発立地の地方自治体で原発反対の声をあげるのは、雇用確保の問題もあって、難しい状況にある。しかし、一度原発事故が起きれば、長期にわたって地元住人は辛酸をなめなければならないし、いったん緊急避難を余儀なくされることになれば、再び故郷に帰れなくなる可能性が大きい。このことを考えると、原発立地の地元から原発反対の声をあげて、原発に依存しないで地元経済が成り立つような政策を国に要求しなければならないのではなかろうかと考える。

芦原社長の時代に、関電の原発依存の姿勢が一層明確になった。これは、増え続ける関西地域の電力需要を満足させるために、大規模な水力発電が限界に近づいていたほか、化石燃料の資源に乏しいわが国においては、火力発電に頼るわけにもいかない。そこで原子力発電が関電内部で真剣に検討されたのだと思う。京都帝大経済学部卒の太田垣前社長と違って、京都帝大工学部電気工学科卒の芦原社長は、原子力発電の仕組みについて、十分理解していたであろう。原発稼働に伴って、高レベル放射性廃棄物が大量に生じることを承知のうえで、関電が原発依存性を高めてきたのは、原子炉の耐用年数を40年と考えて、これから運転を開始する原子炉が廃炉になる頃までには、放射性廃棄物の処分問題も解決しているという確信があったのではあるまいか。

1960年代という時代背景を考えると、芦原社長の当時の判断も頷ける。「科学技術の進歩を信じろ。いま、解決していないことでも、40年経てば解答が得られる」というのは、科学者としてもおかしな判断とは思わない。

しかし、福島第一原発の過酷事故を経験したあと、耐用年数を超える原発も出てきているのに、高レベル放射性廃棄物の処分問題は何も解決していない。この現実を見ると、現在の関電経営陣のトップである八木 誠 社長は、原発依存度の高い現在の経営方針を変更すべきではあるまいか。関電の歴代経営陣が、その時々の時代背景を考え、なおかつ将来性を見越した最善と思われる解を苦渋のなかから探し求めてきたように、いま、京大工学部電気工学科卒の八木社長の見識が問われている。

2016年2月24日に、原子力規制委員会は、運転開始から40年を超えた関西電力高浜原発1、2号機について、安全対策が新規制基準を満たすと認める審査書案を了承した。40年の老朽原発が新基準に適合すると認められたのは、これが初めてある。2016年7月の運転延長認可の期限までに必要な許認可をすべて受ければ、60年間の運転が可能になり、原発の運転期間を40年とする原則の形骸化が進む可能性がある。規制委員会の審査では電気ケーブルの防火対策が最大の焦点だったようだが、関電が計1300kmに及ぶケーブルの6割を難燃のものに交換し、残りを防火シートで覆う対策を示したことから、十分な防火性能があると認めたそうだ。
原子炉の圧力容器は、長期の中性子照射を受けて脆化（ぜいか）する。圧力容器の浴びる中性子量は、沸騰水型よりも加圧水型の方が多い。規制委員会は、運転開始から40年を超えた高浜の老朽原発の運転延長を認可する際に、この問題をきちんと検証したのか不安になる。
どうも規制委員会の最近の動きを見ると、その時々の状況を踏まえた可能な解の選択肢のなかから、より安全側に考えるという立場ではなく、より原発稼働に有利な解を選んでいっているように思える。いまの“原子力規制委員会”は“原発推進委員会”であるという印象である。これを地下で聞いた関電の芦原義重元社長は、どんな顔をしているであろうか。

（2）2000年「特定放射性廃棄物の最終処分に関する法律」の制定前後まで

原発を稼働し続けるうえで、避けて通れない最大・最難関の壁が、高レベル放射性廃棄物の処理・処分問題であるが、日本は、使用済核燃料をすべて再処理利用するという方針で進んできた。原子力発電は、核分裂反応をコントロールして、少しずつエネルギーを取り出し、電力に変換するエネルギー変換技術であり、それを一気に取り出すのが原子爆弾である。原子爆弾の爆発では、瞬間的に大量の“死の灰”が生じるが、原子力発電も「使用済み核燃料」の中に大量の“死の灰”がじわじわと生じている。この“死の灰”が「高レベル放射性廃棄物」の正体である。

わが国の高レベル放射性廃棄物の処分対策に関して、初期の段階では、1962年の「原子力委員会廃棄物処理専門部会中間報告」及び1973年の「原子力委員会環境・安全専門部会放射性固体廃棄物分科会報告書」において、管理を要しない最終処分方式の必要性等の検討が行われた。さらに原子力委員会は、1976年に「放射性廃棄物対策について」の取りまとめを行い、当面、地層処分に重点をおいて研究開発を進めるという基本的な方針を示した。これを始点として、動力炉・核燃料開発事業団（以下、動燃と呼ぶ。後に核燃料サイクル開発機構、現在日本原子力研究開発機構）を中核とする地層処分の研究開発が開始された。

日本は、原子炉で発電に使用した後の使用済み核燃料からウランやプルトニウムを取り出して再利用する方針のもとに、1971年に東海村の日本原子力研究開発機構で再処理施設の建設が始まり、1995年にはガラス固化体の製造がここで開始された。また、1993

年から約２兆1900億円をかけて、六ヶ所再処理工場（青森県）を建設した。しかし、これらの施設はトラブル続きで、国内の使用済み核燃料を再処理する体制は整っていない。そこで海外（英・仏）の再処理工場に頼っている。

1980年に原子力委員会の放射性廃棄物対策専門部会は、地層処分研究開発の５段階の手順（①可能性ある地層の調査、②有効な地層の調査、③模擬固化体現地試験、④実固化体現地試験、⑤試験的処分）を示した。その後、動燃は、その第１段階の「可能性ある地層の調査」を進め、1984年にその結果を原子力委員会・放射性廃棄物対策専門部会に報告した。これを踏まえて、同専門部会は、有効な地層としては、未固結の土塊類あるいは岩塊類の層等を除いて広く考え得るとの評価結果を取りまとめた。

1985年に同専門部会は今後の研究開発手順の見直しをして、第２段階：処分予定地の選定、第３段階：処分予定地における処分技術の実証、第４段階：処分場の建設・操業、の段階を踏むこととなった。実施体制については、1987年の原子力開発利用長期計画で、高レベル放射性廃棄物処分が適切かつ確実に行われることに関しては、国が責任を負うこととし、処分事業の実施主体を適切な時期に具体的に決定することとされた。

1991年に当時の科学技術庁、通商産業省、電気事業連合会、動燃の４者からなる「放射性廃棄物対策推進協議会」が設立され、実施体制等の検討が行われた。そして、動燃では、原子力委員会の方針に基づき、関係機関と協力しつつ研究開発を進めた結果として、1992年に「高レベル放射性廃棄物地層処分研究開発の技術報告書－平成３年度－」を発表した。これが後に「第１次取りまとめ」

と呼ばれるものである。

1993年に、「高レベル放射性廃棄物対策推進協議会」の下に、高レベル放射性廃棄物処分事業の準備の円滑な推進を図ることを目的にして「高レベル廃棄物事業推進準備会(SHP)」が発足した。そして、1994年の原子力開発利用長期計画において、高レベル放射性廃棄物の処分の実施主体は2000年を目処に設立し、処分事業は2030年から40年代半ば頃に開始するとの方針が示された。

1995年、原子力委員会は、原子力バックエンド対策専門部会及び高レベル放射性廃棄物処分懇談会を設置し、地層処分の技術的な側面と社会的な側面に関する検討を開始し、「高レベル放射性廃棄物の地層処分研究開発等の今後の進め方」（1997年：専門部会報告書）及び「高レベル放射性廃棄物処分に向けた基本的な考え方」（1998年：懇談会報告書）を取りまとめ、わが国の処分事業計画及び研究開発計画の指針を与えた。そこには、下記のようなことが書かれている。

① 現世代が廃棄物の処分について制度を確立する必要があり、後世代に負担を残さないことが我々の責務である。

② 地層処分することが現在技術的に最も現実的であるが、将来予見できないことも起こり得ることを前提として、技術が社会的に受け入れられるような仕組みや制度を、リスクマネジメントの観点も考慮して整備することが必要である。

③ 専門家の間での技術的な議論だけでは解決できず、技術的要件について社会的な受容という観点から議論すべき課題が存在する。

④ 立地地域とその他の地域との社会経済的公平を確保するた

めに、まず立地地域以外の人々が、処分事業を自分たちの問題であると認識することが重要であり、共生方策は地域にとって一時的に利益となるようなものではなく、長期にわたって自立的に地域の発展に貢献するようなものであることが重要である、国レベルでは、処分事業の進行に応じて各段階でチェックする機能が重要となり、各段階で検討する制度と体制を整えるべきであり、さらに、これらについて公正な第三者がレビューを行うことが考えられる。

1999 年には、核燃料サイクル開発機構により「わが国における高レベル放射性廃棄物地層処分の技術的信頼性—地層処分研究開発第 2 次取りまとめ—」が行われ、地層処分の安全性やサイト調査技術等の技術的拠り所が示された。一方、実施体制については、2000 年 6 月に「特定放射性廃棄物の最終処分に関する法律」が制定され、実施主体「原子力発電環境整備機構」が設立されると共に、最終処分積立金が制度化された。これを踏まえて、政府は、所要の制度を整備するための「特定放射性廃棄物の最終処分に関する法律」を 2000 年に国会に提出し、成立させた。それにより、実施主体として「原子力発電環境整備機構」(NUMO) が設立されるとともに、最終処分積立金が制度化された。この法律の骨子は下記のようなものである。

① 使用済み燃料の再処理後の高レベル放射性廃棄物を対象として「最終処分」を行う。

② 最終処分は、地下 300 メートル以上の深さの地層に 10 万年以上にわたって安全確実に埋設する形で行う。

③ 地層処分の実施主体として NUMO を設置し、NUMO は概

要調査地区の選定に当たっては、全国の市町村から公募を行う。

④　発電用原子炉設置者は、高レベル放射性廃棄物の最終処分に必要な費用を拠出しなければならない。その資金を積立金として管理する業務は「原子力環境整備促進・資金管理センター」が担当し、経済産業大臣の承認のもとに、NUMO に資金を提供する。

⑤　法律の施行後 10 年を経過した時点で、必要であれば法律の規定を見直す。

NUMO は、高レベル放射性廃棄物の最終処分の事業主体として、最終処分事業の安全な実施、概要調査地区等の選定、拠出金の徴収等を行う機関であるのに対して、高レベル放射性廃棄物の地層処分技術に関して、地質環境条件の調査研究、処分技術の研究開発、性能評価研究及びこれらの基盤となる地層科学研究等を実施しているのが、JAEA（国立研究開発法人：日本原子力研究開発機構）である。JAEA は、2005 年 10 月に JAERI（日本原子力研究所：原研）と JNC（核燃料サイクル開発機構、旧動燃）を統合再編して、独立行政法人日本原子力研究開発機構として設立され、2015 年 4 月国立研究開発法人に改組された。

JAEA の研究開発部門に属する研究所のなかで、高レベル放射性廃棄物の地層処分技術に関する研究を行っているところに、幌延深地層研究センター（北海道幌別市）と東濃地科学センター（岐阜県瑞浪市）がある。この 2 つの研究センターでは、高レベル放射性廃棄物の地層処分の研究は行うが、実際に放射性廃棄物を持ち込まないことや、処分場にしないことを地元と約束している。

幌延深地層研究センターでは、堆積岩を対象に、地下に研究坑道を掘り、高レベル放射性廃棄物の地層処分技術に関する研究開発を行っている。また東濃地科学センターは、結晶質岩を対象に、地下に研究坑道を掘り、高レベル放射性廃棄物の地層処分技術に関する研究開発を行っているが、このセンターに属している瑞浪超深地層研究所では、岐阜県瑞浪市の結晶質岩花崗岩における深地層の科学的研究により、地下水の流動を規制する低透水性の断層の特性に関する知見の蓄積及び、断層の発達過程に着目したモデル化手法の整備などを進めている。

このなかで、筆者は2015年2月5日に岐阜県瑞浪市の東濃地科学センターと瑞浪超深地層研究所を訪問する機会があった。東濃地科学センターは、高レベル放射性廃棄物の地層処分をめざして、地下の環境や地下深くではどのような現象が起こっているのかを解明するための「地層科学研究」を行っているところである。研究所の沿革を辿ると、1962年に地質調査所が土岐市の旧国道21号線沿いにウラン鉱床の露頭を発見したことに始まり、1965年に原子燃料公社（後の動力炉・核燃料開発事業団）が土岐市に東濃探鉱事務所を開所したが、これが現在のJAEAのバックエンド研究開発部門に所属する東濃地科学センターのもとになっている。東濃地科学センターには、土岐地球年代学研究所、瑞浪超深地層研究所及び瑞浪地科学研究館がある。

東濃地科学センター・瑞浪超深地層研究所を訪問して、まず、管理棟でJAEAバックエンド研究開発部門・結晶質岩工学技術開発グループに属する現場の担当者から以下のような説明を聞いた。

瑞浪超深地層研究所では、岩盤や地下水を調査する技術や解析する手法の確立や深い地下で用いられる工学技術の基盤の整備をめざしている。そこでは、主に花崗岩を対象として、岩盤の強さ、地下水の流れ、水質などを調べるために、実際に地下に立坑及び水平坑道を設置して研究を進めている。瑞浪超深地層研究所の最近10年間の事業費は、建設費・研究費・運営費を合わせて、年間約20～30億円程度である。

担当者から説明を聞いたあと、更衣室でつなぎの作業服、長靴、ヘルメットを着用してから、反射蛍光タスキと軍手、及び非常用携帯電話を受け取り、それらを身につけて、やっと坑内に入れた。500mまで掘られた直径6.5mの立坑内の12人乗りのエレベーター(図44)に乗り、深さ300m、200m及び100mの順番で横坑に置かれた観測計器を見せてもらった。

上図44　12人乗りのエレベーター(右側が出入り口)
下図45　横坑を横切る破砕帯

まず深さ300mの横坑に着くと、坑

道の隅から地下水が滲みだしていた。常時ポンプを使って排水しないと、たちまち坑内は水没するそうだ。深さ 300m のレベルの地下水は、一旦プールに集めて、そこからポンプを使って 200m、100m のレベルのプールまで押しあげ、さらにそこから地表まで運んで排水しているという。坑道を掘る前に比べて、現在の地下水レベルは 60m も下がったそうだ。

横坑には補修用の観測資材や飲料水・非常食のほか、簡易トイレも置いてあった。数日は閉じ込められても大丈夫だという担当者の話であったが、こんなところに丸一日閉じ込められたら、とても耐えられないだろうというのが筆者の正直な印象であった。坑内は大体コンクリートで巻き立てがなされているが、横坑の破砕帯が走っているところの一部は巻き立てをしないで、破砕帯が観察できるようになっている（図 45）。ここから素人目にも地質構造の不均質さが理解できるし、地下水が滲みだしているのも見ることができた。

わが国における高レベル放射性廃棄物の地層処分の深度については、2000 年 5 月に成立した「特定放射性廃棄物の最終処分に関する法律」（6 月 7 日公布）によって,「地下 300m 以上の深さとする」ということが定められている。しかし、今回、瑞浪超深地層研究所の深層ボアホールの深さ 300 mにある研究現場を見せてもらったが、破砕帯が縦横に走っている。また、湧き出す地下水を常時ポンプを使って排水しないと、たちまち坑内は水没すると聞いて、こんなところで高レベル放射性廃棄物の地層処分は土台無理だ、とつくづく思った。

今回訪問した瑞浪超深地層研究所が特殊な地域でなく、日本全国どこでも立坑を掘れば似たような状態だと思うので、「日本で高レベル放射性廃棄物の地層処分が本当に可能なのか？」と担当者に聞いてみた。ところが、はっきりした返事はなかった。どうも、まだまだいろいろ研究しなければならない問題があるようだ。それにもかかわらず、驚いたことには、この研究所は 2022 年 2 月に廃止が決まっており、2020 年度から深層ボーリング孔の埋め戻し作業が始まるとのことである。JAEA がもう 1 カ所やっている北海道の幌延深地層研究センターも同じタイミングで廃止になるそうだ。

高レベル放射性廃棄物の地層処分の目途が立たないのに研究施設を廃止してしまうのは、「トイレなきマンション」をそのままにして、負債は後世に残そうとするのか。これでは、高レベル放射性廃棄物の地層処分を自分のところで引き受けてもよいという自治体が出てこないのも当然である。

高レベル放射性廃棄物の最終処分場として、2007 年 1 月に、高知県の東の県境にある過疎と財源不足に悩む東洋町が、全国の自治体で初めて処分場候補地選定の文献調査に応募した。そのとき町長は、記者会見の場で「国のエネルギー政策に貢献できる可能性と、交付金を活用し町の浮揚を図る絶好の機会と考える」、「交付金で町の再生を」と述べた。しかし、寝耳に水の町議会が反発し、反対派住民が余りに代価が大きすぎるとして反対し、反対署名を始めた。高知県の橋本大二郎知事は、「住民の合意が得られていない」と批判した。

2007 年 4 月に行われた町長選で、4 選を目指し受け入れを表明する現町長と反対派の新人候補の一騎打ちとなり、反対派の新人が当選した。新町長は応募を撤回し、原子力発電環境整備機構の調査はとりやめになった。その年の 5 月には、東洋町の町議会が、廃棄物を含む放射性核物質の持ち込みなどを拒否する条例案を全会一致で可決した。条例案では、その目的を「次世代を担う子どもたちに美しい自然と安心して暮らせる生活環境を保護する」とし、放射性廃棄物などの核物質を町内に持ち込むことや、原子力発電所など放射性物質を扱う施設の建設やそのための調査を禁止。核物質を持ち込ませないように努めることを町民の義務としたものであった。

1999 年の核燃料サイクル開発機構による「わが国における高レベル放射性廃棄物地層処分の技術的信頼性—地層処分研究開発第 2 次取りまとめ—」に続いて、2000 年に「特定放射性廃棄物の最終処分に関する法律」が制定され、国による高レベル放射性廃棄物の処分の枠組みが定められた。しかし、この段階で、枠組みは決まったものの、高レベル放射性廃棄物の最終処分地をどこにするかなどの具体的な対応策については何も決まっていなかった。その後も、高レベル放射性廃棄物の最終処分場を受け入れるという自治体は現れていない。

1999 年の「第 2 次取りまとめ」と 2000 年の「特定放射性廃棄物の最終処分に関する法律」に関して、当事者以外からいろんな批判が噴出した（例えば、藤村 陽・石橋克彦・高木仁三郎：高レベル放射性廃棄物の地層処分はできるか（I）変動帯日本の本質、科学、岩波書店、2000 年 12 月号、1064-1072、 及び、同（II）地層処分の安全性は保証されてはいない、科学、岩波書店、2001 年 3 月号、264-274）。

上記の藤村・他の論文（2000、2001）によれば、「第 2 次取りまとめ」に示されている高レベル放射性廃棄物の「地層処分」（地下への埋め捨て）では、10 万年以上先まで放射能が生活圏に漏れ出さない保証が必要であるが、そのための技術は多くの点で開発途上であり、安全評価も不十分で、安易に「地層処分ができる」と結論することは、未来世代に対してきわめて無責任である、と断じている。

その後に、日本学術会議がこの問題を総合的に調べて、核燃料サイクル開発機構が提唱した高レベル放射性廃棄物の処分問題についての疑問を原子力委員会に投げかけている。次節でこの論点を追ってみる。

（3）2012 年 9 月 11 日、日本学術会議より原子力委員会への回答

2010 年 9 月 7 日に原子力委員会の近藤駿介委員長から日本学術会議（以後、学術会議と略称）の金澤一郎会長に「高レベル放射性廃棄物の処分に関する取組みについて」という審議依頼の文書（22 府政科技第 589 号）が出された。依頼を受けた学術会議では、直ちに人文・社会科学と自然科学の分野を含む多分野の専門家からなる「高レベル放射性廃棄物の処分に関する検討委員会」を設置し、1 年程度で回答をまとめる予定で審議を開始した。そして原子力委員会、経済産業省、政府系の団体によるこの問題に関する報告書などを参考にしつつ、原子力の推進に慎重な専門家を含めたさまざまな専門家からヒアリングを行い、審議を進めていたところに 2011 年 3 月 11 日の福島第一原発の過酷事故が起こった。

この事故現場からの報道でも、原発の建屋には使用済み核燃料、つまり高レベル放射性廃棄物が最終処分のあてなく置かれていることが明らかになり、政府もこれまでの原子力政策の検証とエネルギー政策自体の総合的見直しを迫られることになった。このように、従来の原子力政策を根本から再点検しなければならない事態となったことから、学術会議の委員会では、高レベル放射性廃棄物の処分に関する議論をもう一度洗い直すことにした。その結果、当初の予定よりは遅れたが、2012 年 9 月 11 日に学術会議は原子力委員会に回答を提出した。

その回答には、震災対策やエネルギー政策をめぐり、自らの反省を込めながら、「高レベル放射性廃棄物は世界的に対処が困難な問題になっている」として、「科学の限界の自覚」を訴え、抜本的見

直しを迫った。つまり、原子力発電で生じる高レベル放射性廃棄物の処分について、深い地層に埋める現行の政策を「いったん白紙に戻すくらいの覚悟を持って見直すことが必要」とする提言をまとめ、原子力委員会に提出した。高レベル放射性廃棄物の「総量管理」と「暫定保管」を柱にして、原子力政策を再構築することを求めている。

学術会議は、平和利用に限定した戦後のわが国の原子力政策の出発点に深く関わってきた。1954年に「原子力の研究と利用に関し公開、民主、自主の原則を要求する声明」を出したが、これが原子力基本法の制定につながり、その第2条に「民主的な運営の下に、自主的にこれを行うものとし、その成果を公開し、進んで国際協力に資する」と盛り込まれた。その後、平和利用において安全性が確保されているのかが次第に大きな論点になり、原子力船「むつ」の放射能漏れ事故を契機に原子力安全委員会が設置され、第2条に「安全の確保を旨とし」という言葉が挿入された。

しかし、2011年の福島第一原発の事故に遭遇して、安全が十分に確保されていたかが改めて問われることになった。学術界を代表する学術会議は、安全確保に関して、学術が十分な役割を果たしていなかったのではないかと反省し、最も重要な安全性の観点から原子力の平和利用を再検討しようと考えた。

高レベル放射性廃棄物については、これまで、地下300m以上の深さの地層に埋設するという地層処分の方針が採られてきた。しかし、各地で反対に遭い、場所の調査すらできないまま行き詰まっている。一方で、原子力発電から必然的に生まれる高レベル放射性廃棄物は着実に増加し、長さが1～1.3mで重さが400～500kgあるガラス固化体の形になっている廃棄物が、海外からの未返還分を含めて、2012年の段階で2650本に及ぶのに加えて、再処理すればガラス固化体およそ24700本分に当たる使用済み核燃料があり、国内では青森県の六ヶ所村、茨城県の東海村と各地の原子力発電所に、最終処分の方法や場所が決まらないままに置かれている。これらは高レベルの放射性物質であるから、安全に係る極めて深刻な問題と言える。

学術会議は、回答書をまとめる審議を進めるうえで、視点を3つに絞った。第1は、高レベル放射性廃棄物の処分のあり方に関する合意形成がなぜ困難なのかを分析し、合意形成への道を探ること。第2は、科学的知見を生かすことは大事であるが、同時にその限界も自覚しなければならないこと（東日本大震災では、科学的知見の想定を超える自然災害が起こり得ることが改めて示された）。第3は、国際的視点を持つと同時に、日本固有の条件を勘案することである。そして、学術会議は以下の6つの提言をまとめた。

(1)　高レベル放射性廃棄物の処分に関する政策の抜本的見直しが必要。

地層処分という現在の政策は、住民への説明の仕方が良くないから受入れられないのではない。これからも地震や津波が何度も起こる恐れがあるので、長期にわたる安全性の確信が持てないから反対されているのである。従来の政策をいったん白紙に戻す覚悟で見直すことが必要である。

(2)　科学・技術的能力の限界と科学的自立性の確保。

現代の科学・技術的能力では、千年・万年単位の安全が必要な地層処分に伴う危険性を完全には除去できないことを認識し、その上で、科学者や専門家が自律的にこの問題に関わり、疑問や批判に対して開かれた討論の場を設けて、安全性に関して再検討する必要がある。

(3)　暫定保管と総量管理を柱とした政策の再構築。

多様な利害関係者や意見の異なる人々が討論と交渉のテーブルにつくための前提条件を作るために、高レベル放射性廃棄物の暫定保管と総量管理の２つを柱にした政策を再構築し、国民の納得を得ることが必要。暫定保管とは、「高レベル放射性廃棄物を、より長期的期間における責任ある対処方法を検討し決定する時間を確保するために、数十年から数百年という暫定的期間に限って、他への搬出可能な形で、安全性に厳重な配慮をしつつ保管すること」である。総量管理とは、高レベル放射性廃棄物の総量について、早い時点で原発稼働をゼロとすることによって増やさないようにするか、国民の意思で継続する場合でも毎年の増加分を抑制しようというものである。

(4)　負担の公平性に対する説得力ある政策決定手続きの必要性。

電源三法交付金などを配ることによって自治体や住民に原子力施設の受け入れを求めるお金の力で説得するような従来の方法は適切ではない。皆が恩恵を受けてきた電力の負の遺産である放射性廃棄物の処分を、皆が公平に引き受ける仕組みを作ることと、安全に関する科学的な知見を常に優先させる仕組みを作ることが必要である。

(5)　討論の場の設置による多段階合意手続きの必要性。

国としての政策から、具体的な処分地の選定まで、多段階に討論の場を設けて、合意形成を図ることが必要である。その際には、さまざまな関係者が討論に参加することはもとより、公正な立場にある第三者が討論過程に関わり、最新の科学的知見を共有しつつ議論が行われるように工夫することが必要である。

(6)　問題解決には長期的な粘り強い取組みが必要であるという認識。

この問題は、高レベル放射性廃棄物の影響が消えるまで、千年・万年の時間軸で考えなければならず、学校教育を通じて次世代を担う若者の間でも理解を高めていく努力が求められる。

学術会議の「回答」には、処分場立地選定はいかにして国民の合意を得るか、という段階には未だ至っておらず、処分場の長期安定性を確保できる地域を社会的合意をもって探せる科学・技術的信頼性が高まるまで待つべきであり、それまでは、処分を急ぐことなく、暫定保管及び総量管理を行うべきである、と述べられている。そして最後に、高レベル放射性廃棄物の解決は簡単なことではないが、自分たちがエネルギーを利用した結果として存在しているのであるから、政府だけではなく、すべての国民が自分たちの問題として、取り組んでいく必要があると結んでいる。

京都脱原発弁護団・原告団では、この学術会議の「回答」を中心とした「高レベル放射性廃棄物の地層処分は可能か？」の学習会を2015年3月29日に京都弁護士会館で開催した。この学習会の開催に先立ち、筆者は、「回答」の起草者の1人であった入倉孝次郎京大名誉教授と話をする機会があった。そのときに聞いた話を、私なりに理解した範囲でまとめたメモを以下に示しておく。

学術会議の「高レベル放射性廃棄物の処分に関する検討委員会」は、原子力委員会委員長から学術会議会長への審議依頼を受けた

2010年9月に始まったが、委員会の委員構成は、物理や地球惑星、それに原子力など自然科学の専門家もいたけれども、どちらかというと少数派で、文系や生命科学系など、幅広い分野の研究者を集めていた。審議の途中に2011年東北地方太平洋沖地震が発生し、福島第一原発の大事故が起こったため、その影響もあって、審議すべき内容が広範囲で多岐にわたり、議論も発散してなかなかまとまらなかった。しかし、ほぼ2年にわたる審議を経て、2012年9月に回答書を取りまとめることができた。

この委員会には、原発そのものについて、賛成派も反対派も含んでおり、原発に対して賛成とか反対とかの審議をする場ではなかった。むしろ、日本には「高レベル放射性廃棄物がすでに存在する」ということを前提として、将来世代のために、われわれは必ず解決案を見出す必要がある、という立場から、回答書をまとめた。委員会には、外部から幅広い分野の専門家を呼んで、講演をしていただいたが、呼ばれた専門家はどちらかというと原発反対の立場の方が多かったように思う。その理由は、委員長の審議の進め方として、特に原発反対の方でも納得できる提言をまとめる必要があるという意気込みが反映したものである。たとえば、地震や活断層に関しては、石橋克彦氏や渡辺満久氏などにも講演をお願いした。

2012年9月に出された原子力委員会への回答は、6項目の提言から成っているが、科学的な見地から主要なものは、最初の3項目（下記）である。

(1) 高レベル放射性廃棄物の処分に関する政策の抜本的見直し

(2) 科学・技術的能力の限界の認識と科学的自律性の確保

(3) 暫定保管及び総量管理を柱とした政策枠組みの再構築

この回答の基本的立場は、(1) に述べられている。これまでの高レベル放射性廃棄物処分に関する政策は、2000 年に「特定放射性廃棄物の最終処分に関する法律」が制定されて、それに従って原子力発電環境整備機構（NUMO）が、処分場の選定などを粛々と進めればいいということになっていた。その前提は、法律を定めた当時は、処分場は日本中どこにでもあるはずだから、問題は住民の理解が得られるかどうかだけ、と考えていたようである。しかし、現実には、処分場の選定作業は 10 年間まったく進まず、学術会議に科学的検討の審議依頼せざるを得ないことになった。

委員会として、最も重要と考えた提言は、(3) に尽きると思う。なぜなら、2011 年東北地震を経験して、日本中どこでも処分場になりうるというのは、非現実的であること、本当に適地があるのかないのか、科学的検討が必要だということと、たとえ、適地があったとしても、10 万年間の地盤の安定を確保できると科学的な見地から言うことはできないからだ。1 つの解決策としては、放射性廃棄物の核反応による半減期の短縮技術（核変換技術）などの技術的改良を進めて、10 万年という年限を数百年程度に縮めることが重要ではないか。暫定保管とすることで、地震学や地質学の進歩、容器の耐久性の向上など、将来における技術進歩による対処の選択肢を広げることも視野に入れるという考えに基づくものである。

以上が、入倉名誉教授から聞いた話を筆者なりにまとめたものであるが、この「回答」の鍵になる考え方としては、高レベル放射性廃棄物についての「総量管理」と「暫定保管」、及び「社会的合意形成」を重視しながら「多段階の意思決定」が必要、というものであろう。さらに、この回答を支えている考え方として、「認識共同体」

の重視と、「科学の限界」の自覚があることも重要である。入倉名誉教授は、委員としていろいろ悩みながら、この提言のまとめに協力したという。

広範な分野の優れた研究者が集まった科学者の国会といわれる学術会議が出した今回の回答（提言）は、広い範囲の学問的レベルの今日的な到達点に立脚していて、冷静に書かれた内容には説得力がある。とくに「総量管理」（総量の上限の確定）に言及したことは、的を射た提言であると考える。

高レベル放射性廃棄物を地層処分したとしても、内蔵放射能がいずれ環境に漏れ出て周辺の住民に影響を与える。このような厄介な廃棄物について、これまでのさまざまな取り組みのなかで、廃棄物の発生を止める、あるいは発生の上限を決めるような議論は、これまでのさまざまな報告書にも触れられていなかった。脱原発の方向が確定し、処分するべき廃棄物の総量が確定すれば、高レベル放射性廃棄物の処理・処分に関して相互理解が進んでいけると考えられる。また、原子力に対する合意が形成されていないとしている点も重要で、原子力政策への国民的合意の欠如は、電気事業者のこれまでの現場での活動も原因の１つであろう。原発を建設するときに電力会社が行うやり方は、金銭によるやり方や巧みに地域を二分するやり方が行われてきたのが実態だ。合意欠如の根本には、こうした事業者のやり方にも問題がある。

（４）2012年日本学術会議より原子力委員会への回答以後の動き

学術会議は、2012年9月11日の原子力委員会への回答「高レベル放射性廃棄物の処分について」を出した後、同年9月19日付で2件の報告を公表している。まず、高レベル放射性廃棄物の処分に関するフォローアップ検討委員会・暫定保管と社会的合意形成に関する分科会では、「高レベル放射性廃棄物問題への社会的対処の前進のために（報告）」を出しているが、そこには、以下のように書かれている。

(1)「総量管理」、「暫定保管」という大局的方向の下に、「科学の限界の自覚」に立って、高レベル放射性廃棄物問題に対処するべきである。

(2)「総量管理」の具体的在り方は、エネルギー政策において、原子力利用の将来像をどうするのか、原子力に依存しないエネルギー政策を積極的に探るのか、原子力依存度の低減をどのようなテンポで今後進めるのか、ということと切り離せない。このことについての、国民的合意を形成する必要がある。

(3)　高レベル放射性廃棄物の暫定保管施設の建設をめぐる社会的合意を左右する大きな要因は「規範的原則の共有」の有無である。規範的原則として大切なのは「安全性の最優先の原則」「事業者の発生責任の原則」「多層的な地域間の負担の公平性の原則」である。事業者が発生責任を担い、負担の公平性を実現し、社会的合意を形成するためには、「各電力会社配電圏域内での暫定保管施設の建設」を社会的な協議の出発点をなす大枠的原則として、採用することが望ましい。

(4)　規範的原則には、「世代間の負担の公平性の原則」も大切である。しかし、現在世代で解決困難な不可逆的な決定をしてしまった「現在世代の責任」を真摯に反省することが必要である。その上で、規範的原則としての「世代間の公平性」と「現世代の 責任」を共有した上で、「現在世代の責任」を少しでも果たすために、暫定保管の期 間は、安全性の確保という技術的側面と、政策形成をするためのモラトリアムの適切な期間という社会的側面から考える必要がある。技術的側面からは、より長期にわたって安全性を確保出来るとしても、社会的側面では、一世代に相当する 30 年を一つの期間として、その期間の間に、その後のより長期の政策選択についての判断をするべきである。

(5)　「科学の限界を自覚」した上で、科学的事実認識や技術的問題についての社会的合意形成は、政策決定をめぐる合意形成の不可欠の基盤である。科学的事実認識や技術的問題についての「専門家間の合意形成」が、それらの問題についての「社会的合意形成」につながることを保証しなければならない。そのためには、科学的知見の検討にかかわる専門家グループが、グループとしての自律性があり、社会の中の多様な立 場に立つ人々から信頼される必要がある。そのためには、「専門家の利害関係状況の公開」「専門家委員会形成に際しての公募推薦制」「各専門家への公的支援」という原則を採用する。また、高レベル放射性廃棄物の処分に関する科学的認識の向上や技術的基盤の開発に資する多元的な立場からの研究への持続的で公正中立な支援体制を構築する必要がある。

(6)　原子力発電所の再稼働問題に対する総合的判断を行う際には、これから追加的に発生する高レベル放射性廃棄物（新規発生分）については、どのように対処するのか、当面の暫定保管の施設を事業者の責任で確保することを必要条件に、判断するべきである。その点をあいまいにしたままの再稼働は、「現在世代の責任の原則」に鑑みて、将来世代に対する無責任を意味するので、容認出来るものではない。新規発生分に関する暫定保管等の放射性廃棄物対処の責任は、発生させた事業者にある。

(7)　政策選択肢を広げ、社会的合意形成を促進するために、政策案形成を担う中立公正の進行役として、「高レベル放射性廃棄物問題総合政策委員会」（仮称）を設置する。その設置に際しては、特定のタイプのステークホルダーを排除することなく、さまざまなタイプのステークホルダーの代表者の参加を得て、参加の包括性が確保されるべきである。

(8)　多段階及び多層間の意思決定を通しての社会的合意形成のためには、政策内容についても、政策決定手続きについても、各段階においてその都度、「規範的原則の共有」を先行させ、それを枠組みとして、より具体的レベルの問題について、取り組むという手順を採用するべきである（規範的原則の先行的共有の原則）。

一方、自然科学的な検討は、主にフォローアップ検討委員会・暫定保管に関する技術的検討分科会で行われており、「高レベル放射性廃棄物の暫定保管に関する技術的検討（報告）」にまとめられている。この分科会の主要な検討結果は、以下のような項目である。

(1)　学術会議が提案した暫定保管施設には使用済燃料の場合でもガラス固化体の場合でも基本的に乾式貯蔵技術が適している。キャスクやピット（ボールト）等の乾式貯蔵技術の経済性は、保管の期間や容量等によって変化するので保管シナリオに適した技術を選定する必要がある。

(2)　安全性確保のための各種モニタリング技術等は実用化しているが、保管期間が 50 年を大幅に超える場合には、施設・設備の更新による対応を準備しておく必要がある。

(3)　暫定保管施設の立地に求められる地盤・地質条件は、地上保管の場合は、在来の原子力施設の場合とほぼ同様と考えられる。地下保管の場合には、地層処分に準ずる必要がある。

(4)　技術的実現可能性を考慮した暫定保管のシナリオとして、

●使用済燃料の場合には、

1) 原子力発電所に数百トンから数千トンを 50 年から 100 年程度保管する、

2) 再処理工場に数千トンから 1 万トン程度を 50 年程度保管する、

3) 独立立地点に数千トンから 数万トンを最長 300 年保管する、

4) 使用済燃料処分場に数千トンから数万トンを最長 100 年程度（処分場閉鎖時までを想定）保管する、という四つのシナリオ。

●ガラス固化体の場合は、

1) 再処理工場に数万本を 50 年から 100 年程度保管する、

2) 独立立地点に数万本を最長 300 年程度保管する、

3) ガラス固化体処分場に数千本から数万本を最長 100 年程度保管する、

という三つのシナリオを設定して、課題を整理した。

(5) 上記の暫定保管のシナリオは、いずれも技術的には実現可能性があるが、高レベル放射性廃棄物処分場で回収可能性を確保する場合には今後の研究開発が必要であり、また他のシナリオにおいても 50 年を大幅に超える保管期間を想定する場合には安全性確保について更なる検討が必要である。

要するに、高レベル放射性廃棄物の永久保管（地層処分）は、現在の学問レベルで考えて、土台無理であるから、使用済燃料でもガラス固化体にしたものでも、50 ～ 100 年ほどは、暫定保管を考えて、その間に永久保管の方法を考えようということである。暫定保管の期間は数 100 年にもなることを考えておかなければならないとも述べられている。

学術会議の回答のなかの提言では、処分地の選定が行き詰まっているのは、原子力政策の国民的合意がなされずに、高レベル廃棄物の最終処分地選定という個別的な問題を先行させた本末転倒な手続きに問題があると指摘しており、国民が納得する原子力政策の大局的方針を示すことが不可欠であると述べている。

これに対して、原子力委員会は、2012 年 12 月 18 日に「今後の高レベル放射性廃棄物の地層処分に係る取組について (見解)」を発表した。この文書において、回答が問題提起している個々の論点については「汲み取った教訓を十分に活かすべき」との趣旨を再三にわたって表明している。そうした論点のほとんどは、国が以前から取り組んできた事柄に含まれるものであるとしたうえで、学術会議の回答が指摘する論点のなかで、国による「取組が不足」していることを認識させるものがあることを認め、原子力委員会は、国に対して、次の5点を提言している。

1) 処分すべき高レベル放射性廃棄物の量と特性を原子力・核燃料サイクル政策と一体で明らかにすること、
2) 地球科学分野の最新の知見を反映して地層処分の実施可能性について調査研究し、その成果を国民と共有すること、
3) 暫定保管の必要性と意義の議論を踏まえて取組の改良・改善を図ること、
4) 処分に係る技術と処分場の選択の過程を社会と共有する仕組みを整備すること、
5) 国が前面に出て再構築に取り組むこと。

こうした動きを受けて、高レベル放射性廃棄物処分を所管する経済産業省は、2013年5月から総合資源エネルギー調査会の「放射性廃棄物小委員会」(同年7月以降は名称変更により「放射性廃棄物ワーキンググループ」)での議論を再開させた。さらに、同ワーキンググループでの検討と並行する形で、2013年10月には「地層処分技術ワーキンググループ」が設置され、地層処分に関する技術的信頼性の再評価が進められた。このワーキンググループも2014年5月に中間取りまとめを行っている。これによれば、高レベル放射性廃棄物の最終処分（地層処分）に必要な地質環境特性を有する地域は我が国に広く存在する可能性があるとしている。また、想定できる天然現象の長期的変動の影響を考慮しても、好ましい地質環境を備え、しかも長期安定性を有する場所を選定できる見通しがついた、との見解も示している。

こうした経済産業省での検討結果は、随時、政府方針に取り入れられてきた。2013年12月と2014年9月の「最終処分関係閣僚会議」において上記検討の一部がそれぞれ政府方針に正式に取り入れられたほか、2014年4月に政府が閣議決定した「エネルギー基本計画」においても上記の「放射性廃棄物ワーキンググループ」及び地層処分技術ワーキンググループ」の提言や見解を踏襲する内容が盛り込まれた。政府はその後、「特定放射性廃棄物の最終処分に関する法律」が定める「基本方針」の改定作業に着手し、上記の提言や見解を踏まえた改定案を取りまとめた。しかし、政府は、この時点でも、地層処分による最終処分を目指すに十分な科学的知見があるとの認識のもと、現行の法律に基づいて処分地選定プロセスを進めていくという政策方針を堅持している。

学術会議が回答で指摘した、原子力政策に関する国民的合意が欠如しており、その合意形成が処分地選定に先行するべきだという点に対しては、現に存在する高レベル放射性廃棄物に対する可及的な対処の必要性を強調しつつも、この問題への対処で先行する外国（スウェーデン）においても原子力政策と処分地選定との間には強い相互関係はなかったとの認識を示して、可逆性・回収可能性を担保して将来世代の選択の余地を確保した上であれば、地層処分による最終処分地の選定と原子力政策は並行して合意形成を進めることが可能だとの見解を崩していない。

このようななかで、学術会議の高レベル放射性廃棄物の処分に関するフォローアップ検討委員会は、2015年4月28日に「高レベル放射性廃棄物の処分に関する政策提言－国民的合意形成に向けた暫定保管」という提言を発表した。これは、2012年9月11日の原子力委員会よりの審議依頼に対する回答・提言を念押しして、改めて政府に改善を促す異例の対応であった。つまり、高レベル放射性廃棄物を地中深くに埋める地層処分を将来的に導入することを前提にしつつも、原則50年間、地上施設で暫定的に保管することなどを含む政策提言をまとめたものであり、高レベル放射性廃棄物の処分問題に進展がないまま再稼働を進める国の姿勢を「将来世代に対する無責任」と批判しており、新増設も容認できないと強調している。

提言には、高レベル放射性廃棄物の保管・処分は電力会社の責任と明記しているほか、電力会社が配電地域ごとに暫定保管施設を少なくとも1カ所設置するように求めた。同時に、原発再稼働や新増設に当たっては、こうした暫定保管施設の確保を前提条件とすることを盛り込んだ。また、国民の合意形成を図るために、市民が参加する「核のごみ問題国民会議」の設置なども提唱した。

学術会議はこの提言を2015年4月28日に正式に発表したが、同会議の検討委員会は、その前の同年2月17日に、同検討委員会で議論した内容を報道陣に発表していた。

経済産業省専門家会議は、これと同じ日の2月17日の会議で、新しい「基本方針」を大筋で了承したが、そのなかには、新たな柱として、地層処分の計画は維持しながら、技術的な問題などが明らかになった場合や政策の変更に対応するため、埋めたあとでも処分を中止して回収できるようにすること、処分場の候補地は国が適した「有望地」を示したうえで、住民との対話の場を設けて合意を得ることが盛り込まれている。また、使用済み核燃料を再処理したあと、ガラスと固めた廃棄物を処分するとしているが、処分までには時間がかかることなどから、使用済み核燃料を保管する場所を拡大することや、再処理せずに直接処分するための調査研究も進めるとしている。

このように、学術会議の提言と国の政策決定の方針は、微妙なところですれ違っている。学術会議の主張は、高レベル放射性廃棄物を10万年のオーダーで地層処分することは、長期にわたる安全性に国民が確信を持てないから、処分場の引き受け手も現れない。そこで永久的な地層処分はいったん棚上げとして、50年から100年のオーダーは「暫定保管」として、その間に合理的な永久処分を考えるということであるのに対して、国の方針は、地層処分の計画はあくまでも継続するというものである。また、学術会議は、「総量管理」という考えから、高レベル放射性廃棄物をこれ以上増やさないために、いま停止している原発の再稼働はやるべきでないという考えであるのに対して、国の方針は、地層処分による最終処分地の選定と原子力政策は並行して合意形成を進めることが可能であるとして、高レベル放射性廃棄物の最終処分の方法を探りながら、原発の再稼働を進めたらよいというものである。

しかし、「原発稼働に伴い必然的に排出される高レベル放射性廃棄物の処分問題が解決していないのに、原発を再稼働して放射性廃棄物をこれ以上増やすのはいかがなものか」というが現在の大多数の国民が考えている事だと思う。

2015年4月28日に学術会議から出された「高レベル放射性廃棄物の処分に関する政策提言－国民的合意形成に向けた暫定保管」という提言の＜参考資料1＞として、「高レベル放射性廃棄物の処分をめぐる海外の動向」が示されているのでそれを引用しておく。

フィンランド：最終処分地について、政府が判断を下す前に立地予定自治体の意向 を確認するとともに、詳細調査の対象地区選定段階まで地元の拒否権が担保された。現在 オルキルオト島オンカロに研究所を建設中であり、放射性廃棄物の処分施設はオルキルオトに建設される予定である。この施設の運転の許認可申請は、2020 年の予定で、2022 年の運転開始が計画されている。

スウェーデン：自治体議会がサイト調査受入れを承認した自治体において、2002 年よりサイト調査が実施され、フォルスマルクが選定された。現在 2015 年の建設開始に向けて作業が進められている。（フィンランドとスウェーデンの両国では使用済燃料の貯蔵施設を運転中であり、住民の意向を考慮した上で、地下研究所を建設、あるいは建設中である。）

フランス：1991 年に放射性廃棄物管理研究法を制定し、廃棄物管理に関する３つのオプションについて 15 年間の研究がなされた。地層処分施設については、1999 年に地下研究所の建設操業が認可され、公開討論会を経て、2015 年に設置許可申請がなされ、2025 年に運転開始の計画となっている。

ドイツ：1977 年にゴアレーベンの岩塩層が連邦政府と州政府によって提案され、地表からの探査が開始されたが、2000 年にこの活動は凍結された。2013 年 7 月にサイト選定法が成立、放射性廃棄物保管に関する委員会が、サイト選定手続、地層処分以外の管理方法や処分後の回収可能性等を検討し、2015 年に提案する予定。

米国：2009 年にユッカマウンテン計画が中止された後、ブルーリボン委員会が代替案を検討した。2013 年にエネルギー省戦略が公表され、原子力規制委員会がエネルギー省のユッカマウンテン計画の安全解析書について安全評価を実施し、2015年1月に全評価作業を終了し、評価報告書を公表した。評価結果は、エネルギー省の解析は、土地の所有権、水利権等の問題を除き、おおむね妥当としている。

英国：2013年5～6月に政府が「サイト選定プロセスに関する、根拠に基づく情報の照会 Ca11 for Evidence」を関係者等に対して実施し、これに基づき、同年7月、政府は2年間の協議と地層処分施設に関する白書を発出した。これは選定プロセスの改善と処分施設に関する理解向上を目的としたものである。公式の協議は2016年に開始される。

カナダ：深地層処分政策が確認されており、長期保存サイトとして4カ所の予備調査が終了し、引き続き調査が継続されている。

ロシア：地下研究所の建設が開始され、これが貯蔵施設に発展するという予測もある。

オランダ：1984年に100年間の中間貯蔵の方針が採択され、HABOG施設において再処理後のウランと高レベル廃棄物が保管されている。

スペイン：HABOGをモデルとした施設の設計が2015年1月に開始された。

スイス：2015年1月に地層処分候補地2カ所（チューリッヒ州、ジュラ州）が決定し、調査が開始された。

（以上）

おわりに

東大先端科学技術研究センターの中村 尚教授が最近著した「『日本の四季』がなくなる日－連鎖する異常気象－」という本（小学館新書、2015）がある。この本を読んで、最初に感じたのは、次のようなことである。

わが家には寒アヤメの株があり、毎年寒い冬の時期の1月～3月に20～30輪ほどの花をつけていた。たまに師走のうちに咲く年もあって、そんな年には「咲くのが早いね」と家内と言っていたが、2015年には11月30日に1輪咲いているのを見つけた。それ以後、年が明けても咲き続けて、3月になった今でも10輪以上の花が咲いている。11月の末から3月までに50輪以上の花が咲いたが、こんな年は初めてである。わが家は同い年の家内と二人で長く暮らしているが、ここ数年、家内が「今年の夏が一番暑いね」と毎年言うのを聞いて、「歳をとると、だんだんこらえ性がなくなるから、去年より今年の方が暑いと思うんだよ」と言い返して、家内もそれで納得していた。

しかし、中村教授の本を読むと、日本の夏季（6～8月）の平均気温のトップ5のうち、4つが平成に入ってからの記録であり、このところ、異常に暑い夏が続いている傾向は明らかであると書かれている。そうだとすると、「去年より今年の方が暑い」と感じる家内の感性の方が、私よりも確かかな？と思った。それはともかく、地球温暖化に関して、この本に書かれていることを以下に引用しておく。

時間軸をずっと長く取れば、現在の温暖化も長期気候変動の一部としか見なされないかも知れない。地球誕生以来の46億年以上の歴史を見れば、全球凍結期（ほぼ地球全体が凍結した時期）があり、逆に温暖な時期があったことも知られている。人類の祖先が誕生した200万年前ぐらいからの地球でも氷期（氷河期）と間氷期を繰り返してきた。ただ、世界中の科学者がいま問題にしているのは、そんな長いスパンの話ではなく、早ければ数10年、遅くとも100年以内には、人間活動の影響によって、気候が明らかに変化して、その急激な変化に生態系が対応できなくなる恐れがあることに警鐘を鳴らしている。重要なのは、どこに視点を置くかで、何万年も先のいずれ氷期が訪れる時代のことを考えるのか、それとも自分の子供や孫の世代が生きている時代のことを考えるかということである。その判断は、いま地球上に暮らす私たちの一人ひとりが下すしかない。そのためにも、判断の根拠となる科学的な事実をきちんと理解しておくことが必要である。

以上が、地球温暖化に関する中村教授の見解の引用であるが、この問題意識は、日本における原発稼働の是非を考えるうえでも重要であろう。つまり、原発稼働が自分の子供や孫の世代に負債を残さないように考えるのが、われわれの世代の責務であると考える。

しかし、中村教授が指摘したように、自分の子供や孫の世代が生きている時代に、人間活動の影響によって気候が変化し、その急激な変化に生態系が対応できなくなると困る。そこで、地球大気中のCO2濃度を減らすためには化石燃料には頼らず、原発稼働もやむなしという意見も当然出てくることであろう。現実問題として、脱原発により化石エネルギーへの依存度が増えるなら、いま以上の地球温暖化は避けられない。

2014年5月21日に福井地裁で樋口英明裁判長から言い渡された「大飯原発3、4号機運転差止請求事件判決要旨」のなかに、以下のようなことが書かれている。

「被告は、原子力発電所の稼動がCO2排出削減に資するもので、環境面で優れている旨主張するが、原子力発電所でひとたび深刻事故が起こった場合の環境汚染はすさまじいものであって、福島原発事故は我が国始まって以来最大の公害、環境汚染であることに照らすと、環境問題を原子力発電所の運転継続の根拠とすることは甚だしい筋違いである。」

つまり、原発稼働と地球温暖化を同列に論ずることはできない。福島第一原発の事故は、わが国で起きた史上最大の公害であり、何をおいても原発依存性から一刻も早く脱却しなければならないという趣旨である。これは、固体地球物理学を専門とする筆者にとって、その通りだと思う。これより先、2014年2月19日に京都地裁で開かれた大飯原発差止訴訟の第3回口頭弁論で、原告の1人である宮本憲一元滋賀大学学長・大阪市立大学名誉教授（環境経済学）が「福島原発災害は史上最悪の公害」という意見陳述をしており、京都訴訟の弁護団・原告団も、上述の福井地裁で樋口裁判長が述べた見解と同一の基盤に立っている。

そうは言っても、化石燃料には頼らず、原発の代替エネルギーを求めることは、国民一般が希求することであろう。これに関して、筆者は明確な解をもちあわせていないが、国がいまの原発依存の政策を転換すれば、解決の糸口が見えてくるのではあるまいか。原発稼働を継続するために費やされる膨大な費用を、太陽光や風力のほか、地熱や潮汐力などの再生可能エネルギーを使った発電方法の開発のためにつぎ込み、科学技術大国たる日本の総力をあげてこの問題に取り組めば、解決策は見つかると期待している。

2011 年の東北地方太平洋沖地震の地震・津波の被害と福島第一原発の過酷事故から、今年 3 月で 5 年が経過した。それにもかかわらず、国民の大多数が原発問題について、釈然としない気持ちを抱いているのは、科学技術上の問題点ではなく、政治に信頼がもてないからではないだろうか。与党の政治家は、長期的視野に立った原発を巡る諸問題の解決のための政策立案に関して、広範な国民の理解を得るための努力を怠っているし、それを追及する野党政治家の迫力のなさにも、筆者のように政治から遠いところで生きている国民は失望しているというのが正直なところではなかろうか。

それはさておき、本書では、原発稼働に関係するさまざまな問題のなかで、固体地球物理学者である筆者が理解できる範囲の地震、津波と火山の原発への影響と原発稼働に伴って必然的に生じる高レベル放射性廃棄物の処分問題について記した。ここで、何億年オーダーの地質学的イベントはともかく、千年から万年オーダーの地震、津波と火山の事例の検証は必要であろうと考えた。

本書の第 1 章では「地震大国ニッポン」と題して、日本の国土面積は、全世界の約 0.25%しかないが、そこで、世界の M6 以上の地震の約 20%が起こっていることを述べた。この「地震大国ニッポン」において、世界に約 400 基ある原発のうちの 54 基の原発が設置されたことは、きわめて異常であると言わざるを得ない。またこの章で、近畿地方でも 2011 年の東北地方太平洋沖地震により発生した長周期地震動の影響が大きかったことに触れた。このように、遠地で起こる大地震の長周期地震動の影響は、これまでの原発の安全対策では考慮されてこなかったが、今後の検討対象になるかも知れない。

第２章の「原発と地震」と第３章の「原発と津波」は、いま京都地裁で争われている大飯原発差止京都訴訟において、原告側と被告である関電側との双方の準備書面を引用しながら、大飯原発の地震・津波対策についての争点を紹介した。ここから日本のすべての原発稼働の是非を考える上での普遍的な問題点が浮かびあがってくる。つまり、原子力規制委員会は、2015年２月12日に高浜原発3・4号機が新規制基準を満たすと認めて、再稼働を承認した。規制委員会は、基本的に原発稼働を推進する立場に立っているようで、新規制基準には、「原子力施設の設置や運転等の可否を判断するためのもの」で、「絶対的な安全性」を確保するものではないとしている。つまり、規制委員会は「安全審査」ではなく、「適合性審査」行うところであり、電力会社が対応可能な改善策を提示して、その対応を見たうえで「運転にあたり求めるレベルの安全性は満足した」という審査書を出すことになる。これは規制委員会と電力業界のなれあいの茶番劇であり、こんなことを許していては、無辜の国民は救われない。

ここで「運転にあたり求めるレベルの安全性」というのは、わが国で得られた高々200年未満の地震・津波の観測データを基本として検討がなされている。今後、100年程度の原発稼働に及ぼす地震・津波の影響を考えるなら、過去千年から万年オーダーの地震・津波の事例の検証が必要であろう。

2011年の福島第一原発の過酷事故の２日後に東電の清水正孝社長（当時）は、記者会見で、「地震の揺れは想定内、津波の規模は想定外」と説明したそうだ。事故当時に東電が想定していた津波の最高水位が 6.1m であったのに対して、実際の浸水高が 15.5m に達したので、「想定外」という言葉を使ったのであろう。しかし、事故の 3 年前に東電社内で地震調査研究推進本部の「三陸沖から房総沖にかけての地震活動の長期評価について」を基にして同原発を15.707m の津波が襲う可能性があるとの試算がなされ、経営陣にも報告されていたという。それにも関わらず、この試算の確たる物証がないということで、その対策が先送りされたことが被害を大きくした。東電が、今回の東北地方太平洋沖の地震のモデルとされる869 年の貞観地震・津波の例を、もっと早い段階から真摯に検討して、対策に活かしていたら、今回の津波被害をもっと少なくすることができたのではないかと悔やまれる。

いずれにせよ、福島第一原発事故当時に、東電が当時の学問的背景をもとに想定していた津波の最高水位が 6.1m である。これに対して、実際の浸水高は 15.5m と想定値の 2.5 倍以上であった。このことは、いま、電力会社が各地の原発で想定している基準地震動、津波高の 2.5 倍以上のことが現実には起こり得ることも覚悟しておかなければならないということである。そうなると第 2 章で述べたように、関電は大飯原発の基準地震動として 856 ガルを想定して、規制委員会がこれを容認していることはおかしい。1984 年の長野県西部地震（M6.8）の際に震源近傍で飛び石現象が見つかったが、このような現象が起きるには、少なくとも 2000 ガル程度の地震加速度が生じたことを関電側も認めている。また、「既往最大」の地震加速度については、2008 年 6 月 14 日の岩手・宮城内陸地震（M7.2）の際に、防災科技研の岩手県一関市の観測点で 4022 ガルが記録されている。それを承知している関電は、大飯原発の敷地から最短距離で3kmのところを通るM7.8の想定地震を考えた場合の基準地震動として856ガルを求めているが、このような関電の対応に不信感がある。また、それをすんなり認めた規制委員会の信頼性にも疑問が生じてくる。

第4章の「原発と火山」では、大飯原発を含むわが国の全ての原発は、やがて日本でも起こる巨大カルデラ噴火への対応を真剣に考えておかなければならないことを述べた。このような巨大カルデラ噴火は、平均すると約7~8千年に1回、日本で起きている。このうち、一番近年のものは、約7300年前に九州南方で起こった「鬼界カルデラ噴火」であるから、もうぼつぼつ次の巨大カルデラ噴火があるかも知れない。このような巨大カルデラ噴火に巡り合わせた時代の人々には運命と思って諦めてもらうしかないが、その時代に原発が稼働していたら、これは大問題である。つまり、市民生活そのものがマヒしてしまい、僻地にある原発にアクセスするのは、とても無理な状況になるであろう。そうなると、原発が暴走しても手の施しようがない。結果として、高濃度の放射性廃棄物を世界中にばらまくことになる。そんなことを許してもよいであろうか?

第5章の「原発:高レベル放射性廃棄物の処分問題」では、2012年9月11日に学術会議が原子力委員会に提出した回答「高レベル放射性廃棄物の処分について」を中心にして問題点を紹介した。学術会議が提出した回答に述べられている提言は、高レベル放射性廃棄物の「総量管理」と「暫定保管」を柱にして、国に原子力政策を再構築することを求めている。これに対して、高レベル放射性廃棄物の永久処分についての国の方針は、地下300m以上の深さの地層に10万年以上にわたって安定に埋設するという地層処分の基本線を変えていない。今後 10 万年の間に日本の地殻変動はどんな変遷をとげるか現在の学問レベルでは予測がつかないので、とりあえず地層処分は棚上げにしておいて、当面いつでも取り出せる形の「暫定保管」にしておき、その間に国民合意の得られるような地層処分の方法を考えようという学術会議の提言は、現在の政策に反映されていない。また、高レベル放射性廃棄物の処分が確立するまでは、原発再稼働を見合わせ、現在溜っている放射性廃棄物をこれ以上増やすなという「総量管理」の考えも無視されていて、規制委員会が再稼働を容認した九電の川内原発 1、2 号機が 2015 年 9 ～ 11 月に再稼働したのに続いて、高浜原発 3、4 号機も 2016 年 1 ～ 2 月に再稼働した。

高浜原発 3、4 号機は、ウラン・プルトニウム混合酸化物（MOX）燃料を使う初の「プルサーマル発電」が試みられている。通常の原子炉の燃料としているウラン燃料に比べて MOX 燃料は、より危険なものであることは、これまでにも多く指摘がなされているが、2016 年 2 月 28 日の朝日新聞朝刊には、高浜で使う MOX 燃料は 1 本約 9 億円で、通常のウラン燃料の約 9 倍するという。この燃料の値段はいずれ電気料金に反映されることになるから、原子力を使った発電は決しては安くないことも、憶えておかなければならない。また、規制委員会は、2016 年 2 月 24 日に運転開始から 40 年を超えた原発の延長運転を認める見解を発表しているが、安全性の面から問題がある。

以上のように、筆者は固体地球物理学の研究者の一人として、わが国で進められている原発依存の政策に対する疑問を述べた。

（2016 年 3 月）

著者紹介

竹本修三（たけもと　しゅうぞう）

大飯原発差止京都訴訟原告団長、京都大学名誉教授、
専門は、固体地球物理学・測地学。
（略歴） 1942 年 5 月、埼玉県秩父市生まれ。
埼玉県立熊谷高校・京都大学理学部卒。理学博士。
京大防災研究所助手、京大理学部助教授、京大大学院理学研究科教授を経て、2006 年 3 月に定年退職。その後、（財）国際高等研究所フェロー・招へい研究員を経て、2011 年 4 月より NPO 法人知的人材ネットワークあいんしゅたいん附置機関基礎科学研究所研究主管。
その間、国内においては日本学術会議測地学研究連絡委員会委員長、日本測地学会会長、地震予知連絡会委員、国立天文台運営協議員・運営会議委員など。国外においては、国際測地学協会（IAG）第Ⅴ委員会（地球潮汐委員会）委員長、国際重力局（BGI）理事、国際地球潮汐センター（ICET）理事などを歴任。
著書にはレーザホログラフィと地震予知 (共立出版, 1987)、京都大学講義「偏見・差別・人権」を問い直す（編・著）（京都大学学術出版会，2007)、ぼくの戦後―郷愁の秩父（日本文学館、2012)、郷愁の秩父－想い出の人々（日本文学館、2013)、天地人－三才の世界（編･著）（マニュアルハウス、2013）などがある。

日本の原発と地震・津波・火山

二〇一六年五月五日　初版発行

編著者　竹本修三
発行者　岡田政信
発行所　マニュアルハウス
郵便番号　九二九―一三三二
石川県羽咋郡宝達志水町北川尻七―二八
電　話　〇七六七（二八）四二五六
ファックス〇七六七（二八）四二五六
印刷所　モリモト印刷株式会社
定価はカバーに表示してあります。
ISBN978-4-905245-08-7 C0040 ¥1000E